やさしく知りたい先端科学シリーズ9

創元社

はじめに

「IoT」とは「Internet of Things」の略で、一般に「モノのインターネット」と訳されます。しかし、この「IoT」という言葉は、定義や意味があいまいな言葉として扱われることもあります。そこで、「IoT」をもう少し具体的に表現すると、「あらゆるモノの状態がさまざまなセンサーなどによってデータ化され、インターネットなどを介して相互に制御され、AI（人工知能）などで分析され最適化するしくみ」となります。昨今、「IoTの活用」という名のもとに、改善や改革を進めている企業や組織が多数ありますが、実際の成果に結びついているケースは、まだ少ない状況です。

本書では、IoTの導入や活用のコンサルタントとして活動している筆者が、IoTに関する先端知識を習得したい人や、IoTの導入や活用を考えている企業や組織に向けて、IoTに関連するデジタル技術の進展や、IoTによって変わる私たちの社会や暮らしについて、わかりやすく説明しています。

本書は、それぞれのテーマを２～４ページ完結でまとめていますので、興味があるところから読んでいただき、今後のスキルアップや業務の改善などの参考にしていただければ幸いです。

2021年９月　高安篤史

Contents

Chapter

IoTを構成する基本技術

Chapter

3

IoTとAIとの関わり

Chapter 4

広がるIoTの利用シーン

Chapter

IoTが目指すべき将来像と課題

Chapter 1

IoTの目的と現状

IoT を理解するためには、さまざまな関連技術を含む全体像を把握して、社会的背景の変化と活用事例などを確認する必要があります。

Chapter 1

01 IoTとは何か

さまざまな解釈があるIoT

「IoT」という言葉は、米国マサチューセッツ工科大学（MIT）のAuto-IDセンターの共同設立者であるケビン・アシュトン氏が、1999年頃、センサーデバイスなどをインターネットでつなぐ概念として名付けたことからはじまりました。当初はあまり注目されなかったIoTが世界中に浸透した背景には、関連技術の進歩と低価格化、ニーズの拡大があります。

「IoT」とは「Internet of Things」の略で、一般に「モノのインターネット」と訳され、「アイ・オー・ティー」と読まれます。しかしながら、この言葉を素直に解釈すると、単なる「モノの接続」とのみとらえられがちです。本来、「接続」とは、データをもとに「モノがつながり連携すること」であり、さらに広義には、データを使った「最適化」までを含みます。そして、センサーやAI（人工知能、Artificial Intelligence）、遠隔制御などの先端科学技術を活用することで、私たちの生活に関することから、あらゆる産業や業務に関することまでの改善や改革につながっていきます。

つまり、IoTとは、「あらゆるモノがインターネットでつながることで、センサーなどで取得したデータをAIなどによって蓄積・分析して、有効に活用すること」と定義できます。

「つながるモノ」とは、物理的なモノ（センサー、設備、製品、ICTシステムなど）だけではなく、ヒト（作業者、スタッフ、顧客など）や組織（部署、店舗、企業など）、コト（作業、サービス、ビジネスなど）を含みます。さらに、「サイバー空間（仮想空間）とフィジカル空間（現実空間）がつながる」「過去と現在と未来がつながる」という考え方も可能です。これらは、データを介してつながることになり、つながる方法もインターネットだけではなく、LAN（Local Area Network）などの通信方法も利用されます。

IoTの概念

「IoT」とは、インターネットに接続されたさまざまなデバイスによって、ヒトやモノ、コトから集められたデータを収集・解析して、有効活用すること

IoTで何ができるか

IoTでは、いろいろなデータを収集することで「見える化」や「最適化」、つながることで「遠隔制御」や「自律的にモノを動作させること」などが可能となります。すでに、製造業などを中心に、故障予知や遠隔保守、生産最適化、設備運転自動化、販売予測などが、IoTによって実現しています。つまり、収集したデータを有効活用することで、組織全体が最適の状態であることを指す「全体最適」や、「価値創出」が実現できるのです。

IoTは無限の可能性を秘めています。社会やビジネスにおいて、あらゆる組織や企業がIoTを活用することで、今までにない改善や改革を実現することが可能です。そしてこれが、デジタルトランスフォーメーション（DX）につながっていきます。

IoTに関連する技術

IoTに関連する技術は、非常に幅が広く、データを収集するセンサーやカメラ、通信技術、AIを含むデータ分析技術から、RPA（Robotic Process Automation）、VR（仮想現実）、AR（拡張現実）なども含みます。重要なポイントは、近年これらの技術が画期的に進化しており、さらに今後、劇的に変化していくと考えられることです。従来、一部の専門家が理解していればよかったこれらの技術は、今後、IoTで社会やビジネスを改善・改革する際は、その業務に携わる人が理解する必要があります。また、ICT（情報通信技術、Information and Communication Technology）や、インターネット上で標準的に用いられている文書の公開・閲覧システムであるWebも、IoTの関連技術に含まれます。

IoTデバイスの増加

世界におけるIoTデバイス数の推移は下のグラフのようになっています。稼働数が多いスマートフォンや通信機器などの「通信」分野は、すでに飽和状態となっており、今後それほど大きな伸びは期待できません。一方、デジタルヘルスケア市場が拡大している「医療」分野やスマート工場やスマートシティなどの「産業用途」の伸びが顕著です。また、家電のIoT化が進む「コンシューマー」領域やコネクテッドカーなどのIoT化が進む「自動車・宇宙航空」領域なども拡大していきます。

デバイス数が増加することで低価格化が加速され、さらに活用が進みます。また、これらのデバイスで収集されるデータは、画像や動画データなどに移行しており、通信および蓄積されるデータ量は爆発的に増加していきます。

世界のIoTデバイス数の推移・予測

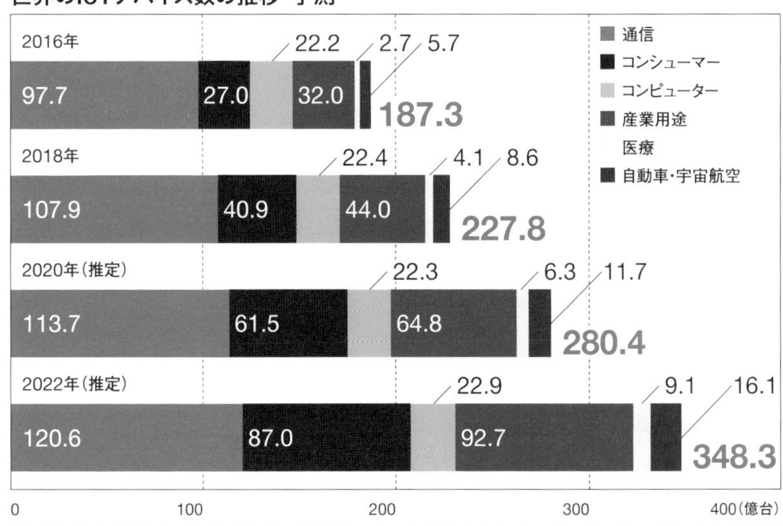

令和２年版『情報通信白書』（総務省）に掲載のグラフをもとに作成（小数点第二位を四捨五入）

Chapter 1

02 IoTシステムの目的と現状

IoTシステムの目的

IoTの本来の目的は、組織や業務の問題や課題を解決することにあります。この目的は、それぞれの組織や業務に関連する固有のものであり、IoTの推進は、組織や業務の担当者が問題点や課題を認識するところからスタートします。しかし、IoTそのものを目的としてしまっている組織では、多くの投資を実施してはいても、IoTを活用しているとは言いにくい状況です。つまり、IoTは手段であり、目的とすることが失敗の原因になります。このように、IoTを活用できていない組織や業務も、IoTの本来の目的を理解することにより、最終的な成果を獲得する可能性は十分にあります。

日本においては、IoTによる社会やビジネスの変革は、欧米のようには進んでいない状況にあります。その理由のひとつに、各企業におけるデジタル技術系の業務をICTベンダーに依存してきたことが挙げられます。各企業の組織や業務の担当者は、急にIoTの知識を習得しなければならなくなっても、すぐには対応ができません。つまり、社会やビジネスにおけるIoT成功のキーポイントは、人材教育にあると言えます。

デジタル技術が非常に高度化しているなか、IoTでつながることで、あらゆる組織や業務がその影響を受けやすくなり、加速度的に変化が進んでいます。日本は、実績を重視するあまり、変化への対応力が弱いこともあり、IoTにおける競争という面では、欧米諸国に遅れをとっているのが現実です。

「目的と手段の連鎖」の解決

IoTを活用して、組織や業務の付加価値を大きくする考え方として、「目的と手段の連鎖」の解決があります。「目的と手段の連鎖」とは、本来の目的を達成するための手段が目的となってしまうことです。

これまでの通常の業務には最終目的があり、その解決手段を実施する（目的とする）部門や企業が存在することで、あらゆる製品やサービスが実現されていました。しかし、あらゆるモノや組織がつながり、データが収集されるようになると、最終製品やサービスの状況が理解・把握できるようになります。そして、今までは依頼されたことを実現するだけだった業務が、たとえば、新たな機能の提案や顧客自身も気づかない問題点の解決を可能にします。これが、「目的と手段の連鎖」の根本的な解決であり、組織や業務の付加価値を大きくすることになります。

目的と手段の連鎖

本来、IoTを活用する「目的」は、組織や業務の付加価値の最大化にある。そのためには、IoTの活用がデータ収集や分析・把握の「手段」であることを理解して、IoTの活用自体が「目的」にすり替わらないようにする必要がある

Chapter 1

03 IoTに至る変遷と時代背景

IoTに至るまでの技術的変遷

「IoT」という言葉は、2015年前後から耳にするようになりましたが、考え方（概念）は以前からありました。たとえば、「どこでもコンピューター」とも呼ばれる「ユビキタスコンピューティング」も、IoTと非常に似通った概念です。また、「M2M（Machine-to-Machine、機器接続）」という言葉も、2010年頃から使われています。なぜ、このように、近年IoTが注目されるようになったかというと、コンピューターや通信技術の進歩に加え、センサーの価格が劇的に安価になったことが大きな理由です。

1980年代までは、「メインフレーム」と呼ばれる大型コンピューターを端末から操作して利用していました。その後、コンピューターのダウンサイジング（小型化）がはじまり、1995年くらいからパソコンの利用が拡大しました。MicrosoftやIntelなどの企業の時代と呼ばれます。さらに、インターネットが普及した2005年頃からは、インターネットを利用したデジタルビジネスが急速に拡大しました。これがAmazonやGoogleの台頭であり、その後、スマートフォンの普及により、一気に社会が変わりました。

以上は、グローバルに社会が変わる変革でしたが、IoTは、それぞれの産業や業務に合わせた適応が求められるため、上記のような単純な変化ではありません。つまり、どのようなデータを収集するかを考えたり、センサーなどを現場の状況に合わせて設置したりする必要があり、そこに難しさがあります。

IoTに至るビジネス、ICT、社会の変遷

	インターネット以前（〜1995年）	インターネットの普及（1995〜2005年頃）	デジタルビジネスの時代（2005年頃〜）
ビジネス	● リアル店舗のみ ● 大量生産、売り切り型 ● プロセスの自動化 ● 情報の管理、分析	● eコマースの出現 ● カスタマイズ	● オムニチャンネル ● パーソナライズ ● サプライチェーンの効率化 ● データドリブン経営
ICT	● ホストコンピューター ● クライアントサーバー ● ローカルネットワーク ● 少量、種類限定のデータ	● システムのインターネット接続 ● オープンシステム ● SaaS、PaaS、IaaS	● IoT・クラウド、AI、ブロックチェーン ● 大量、多種のデータの収集、蓄積、処理技術
社会	● 専業中心	● GAFAの台頭 ● グローバル化 ● 法規制の緩和	● シェアリングエコノミー ● 労働人口の減少 ● 少子高齢化

ビジネスにおける作業の効率化や生産性向上のために、さまざまな技術が開発されてきた。さらに、社会の変化に対応するために「IoT」のような技術が開発されることで、新しいビジネスが創造されている（「デジタルトランスフォーメーションの河を渡る」〈経済産業省〉掲載資料をもとに作成）

IoTが必要とされる時代背景

現代は、あらゆる環境が目まぐるしく変化し、将来が予測できない状態を表す「VUCA（ブーカ）の時代」と言われます。VUCAとは、Volatility（変動性・不安定さ）、Uncertainty（不確実性・不確定さ）、Complexity（複雑性）、Ambiguity（曖昧性・不明確さ）の頭文字からなる略語です。この状態に対応していくためには、あらゆる情報を収集・分析して、常に現状を認識する必要があります。このような時代では、過去の経験ではなく、データにより的確に現状を把握することが求められています。これが、IoTが必要とされる時代背景でもあります。また、日本の強みである「強い現場」を維持・向上させるためには、デジタル技術を活用できる人材育成が重要です。個人のマインドも企業や組織に依存せず、自らの価値を向上しつづける取り組みが重要になります。特に、企業や組織が「全体最適」を目指すためには、スペシャリストの能力に加え、あらゆる関連技術を習得するジェネラリストの能力も求められます。

Chapter 1

04 つながる社会における変革

つながる社会とは?

IoT によるつながる社会は、「モビリティ」「ものづくり」「バイオ・素材」「プラント保安」「スマートライフ」など、あらゆる産業分野に関連します。これらの産業分野において、あらゆるモノがつながり、データを活用することで、生産性やサービスの向上が実現できます。また、技能伝承や技術革新なども実現できます。そのためには、データの利活用技術や標準化、ICT 人材の育成、サイバーセキュリティ対応、AI 開発など、横断的な取り組みが必要になります。

IoTを活用したコネクテッドインダストリーの考え方

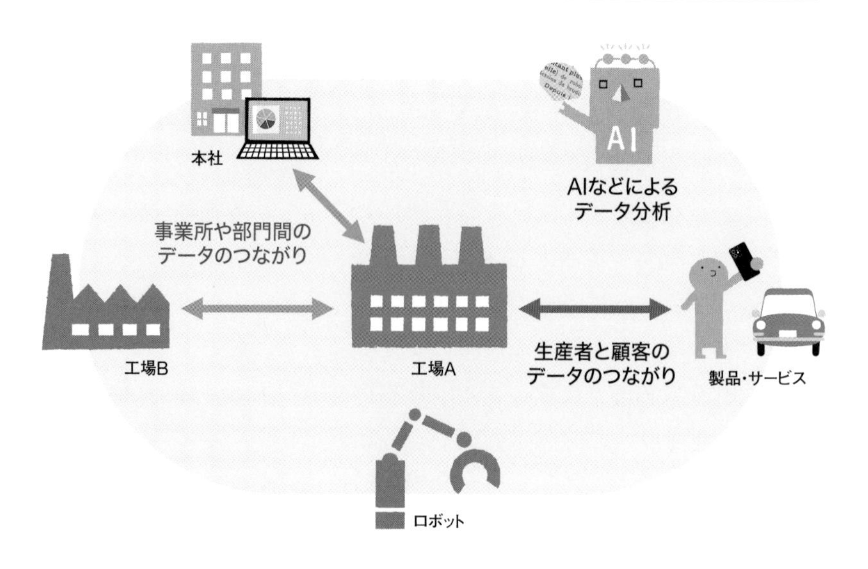

事業所や部門間、生産者と顧客がデータでつながり、そのデータを収集・分析することで、技術革新や生産性向上、サービス向上などに有効活用される

それでは、つながる社会とはどのようなことでしょうか。これには、以下のような段階があります。

1. 今まで把握できなかったものが、データで状況が理解できる
2. 物理的に遠く離れていても、データにより状況が把握できる
3. 遠くからでも操作や制御ができる（遠隔制御）
4. 遠くの人と、あたかも近くにいるように業務ができる
5. 複数の組織がひとつの組織のように活動できる

つながる社会においては、要求されたことだけを実施してきた下請けの企業や中小企業にも、自ら付加価値を創出する機会が多く生まれます。見方を変えると、つながる社会においては、IoTを活用することで重要なポジションを確保できれば、今まであまりICTに取り組んでこなかった組織のほうが、伸びしろは大きいと言えます。

つながる社会による業務の変革

従来、アナログでつながっていたさまざまな業務が、IoTによりデジタルで直接つながる世界が実現されます。たとえば、顧客の利活用データを分析することで、現在の売れ筋などが把握でき、迅速な生産の切り換えが可能になります。また、顧客固有のカスタマイズ要求をデジタルデータで把握できると、即時に生産に組み入れることもできます。さらに、顧客の利活用データをもとに、どのような機能を盛り込めばよいかなどを、企画や設計に取り入れることも可能になります。

Chapter 1

05 「見える化」からはじまるIoT

なぜ、IoTで「見える化」を推進するのか

IoT システムの導入が順調に進んでいる組織を分析すると、最初の取り組みとして「見える化」を推進しているという共通点があります。「見える化」とは、「可視化」や「モニタリング」とも言われ、たとえば、センサーなどで機械や設備などの状況を観察・把握することが挙げられます。

それでは、なぜ「見える化」が重要になるのでしょうか。実際に IoT に関連するデジタル技術を活用している側からすると、「今さら見える化か」と感じることもあるでしょう。しかし、私たちの生活やさまざまな業務には、まだまだ多くの無駄があります。従来、作業や業務の流れを手順書やフロー図などにまとめてきたことも「見える化」ですが、これらは人がまとめた「見える化」です。

デジタル技術の活用による「見える化」によって、気づかなかった無駄がわかるようになります。たとえば、これまで作業者が周期的に確認していたことも、センサーやカメラを活用することで連続的な状況や変化がわかり、データをグラフ化することで、無駄なポイントを見つけだすことができます。このように、今まで気づかなかった無駄がわかれば、自ずと改善が進みます。IoT システムの導入が順調に進んでいる組織は、「見える化」による成功体験により、さらなる IoT の推進につながっていきます。

「見える化」の二次的効果

IoTやデジタル技術の「見える化」には、下記のような二次的効果があります。

1. 従来は即時に確認できなかったものが、リアルタイムに確認できる「見える化」である
2. 人による直感的な確認でまとめたものではなく、客観的なデータからの「見える化」である
3. 1人のみの確認ではなく、複数の人が同時に確認できる「見える化」である
4. 複数箇所からのデータであるため、原因究明に結びつきやすい「見える化」である
5. 過去の事実に疑いが発生した際も、推測ではなく過去のデータを遡って確認できる「見える化」である
6. 人では判断できなかった大量のデータでも、主要因の特定や時系列の傾向を表すことができる「見える化」である

「見える化」とは?

1. 問題意識・気づき
2. 改善意識・情報共有
3. 再発防止・しくみづくり

Chapter 1

06

データ活用の広がりで変わるビジネス

データ活用ビジネスの第1幕と第2幕

現代のビジネスにおけるデータの存在は、かつての石炭や石油、鉄と同様に、ビジネスの源泉としてとらえる必要があります。これまでもデジタル技術の発展によりビジネスが変化してきましたが、従来の変化は、インターネットを介したサービスなど、サイバー空間が中心でした。電子メールやスマートフォン、ネットショップがなかった時代から、Amazon や Google などによるデジタルビジネスが定着することで社会が大きく変わりました。このようなビジネスの変化が、デジタル時代の競争の「第1幕」です。

一方、デジタル時代の競争の「第2幕」では、サイバー空間の変化だけではなく、私たちの家庭や自動車、店舗、介護・医療、工場など、フィジカル空間（現場）を含んだ変化が起こっています。第2幕では、センサーやカメラで収集した現場のデータを、サイバー空間の AI などによって解析することで、付加価値を創出するサービスの高度化を可能にしています。IoT で収集したデータを活用することにより、ビジネスが大きく変わろうとしています。

データは、ただ単に収集しただけでは価値はありません。まず、第1段階の「見える化」が実行されることで、データが情報となり価値が生まれます。その情報を分析することで知識となり、人が洞察や試行錯誤することで価値が上がり知恵となります。このように、データの価値を考えたデータ駆動型のビジネスをデジタル技術で実現することが求められています。

デジタル時代の競争の「第1幕」と「第2幕」のイメージ

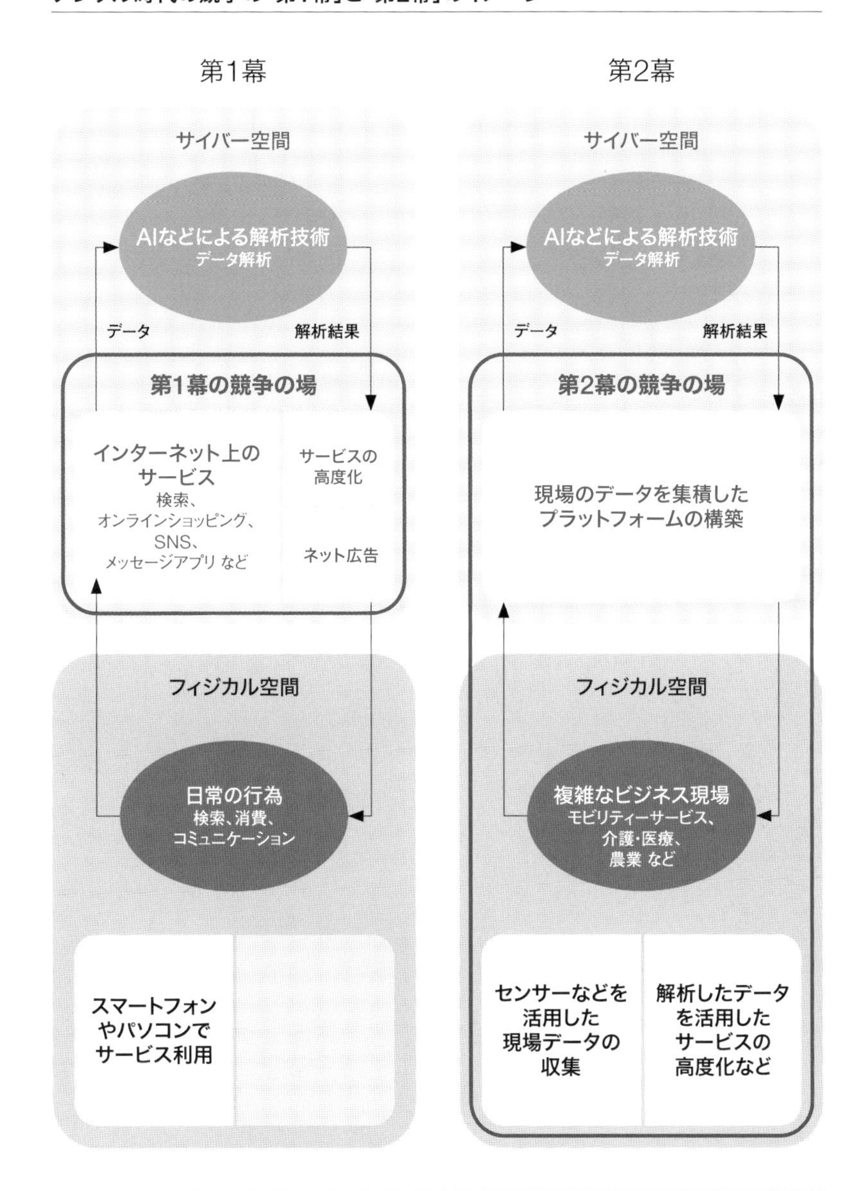

「第１幕」と「第２幕」の大きな違い・変化は、競争の場が「サイバー空間+フィジカル空間」に広がることで、IoTによる現場からの収集データの活用と分析後の現場へのフィードバックが行われること（「デジタル時代の新たなIT政策大綱」〈首相官邸IT総合戦略本部〉掲載資料をもとに作成）

Chapter 1

07 CPSとデジタルツインの関係

CPSとは?

IoTを理解するためにWebを検索していると、「CPS（Cyber Physical System）」と「デジタルツイン」という用語をよく目にすると思います。この2つの用語は同じ意味で使う場合もありますが、下記のような違いがあります。

CPSは、フィジカル空間（現実空間）で収集したデータを、サイバー空間（デジタル空間）で蓄積・解析し、その結果をフィジカル空間へフィードバックして改善するという流れになります。そして、フィードバックされた改善の結果が、再び新たなデータとしてフィジカル空間で収集されるというサイクルが繰り返されます。データを収集する部分とフィジカル空間へフィードバックする部分をIoTとして、データを蓄積・解析する部分をAIとしてとらえることも可能です。CPSのしくみは、製造プロセスをはじめ、あらゆる場面で活用できます。

デジタルツインとは?

一方、デジタルツインは、サイバーとフィジカルの双子です。CPSはサイクルが繰り返されていたのに対し、デジタルツインはサイバー空間とフィジカル空間が常に同期して動作することになります。フィジカル空間で収集したデータをもとに、サイバー空間でフィジカルな動きをAIなどで即時にモデル化し、シミュレーションなどを行って「最適化」します。

このように、フィジカル空間とまったく同じ空間をサイバー空間に構築するのがデジタルツインです。

CPSもデジタルツインも、大量のデータを収集・分析するため、IoTに関連する各種デジタル技術を活用します。特に、デジタルツインで遅延なく大量のデータを処理するためには、高速通信が必須になります。CPSを進化させたものがデジタルツインととらえることも可能ですし、製造業などではスマート工場をデジタルツインと表現することもあります。デジタルツインのしくみは、工場だけでなく、家庭や店舗、交通システムなど、あらゆる場面に応用できます。

CPSによるデータ駆動型社会

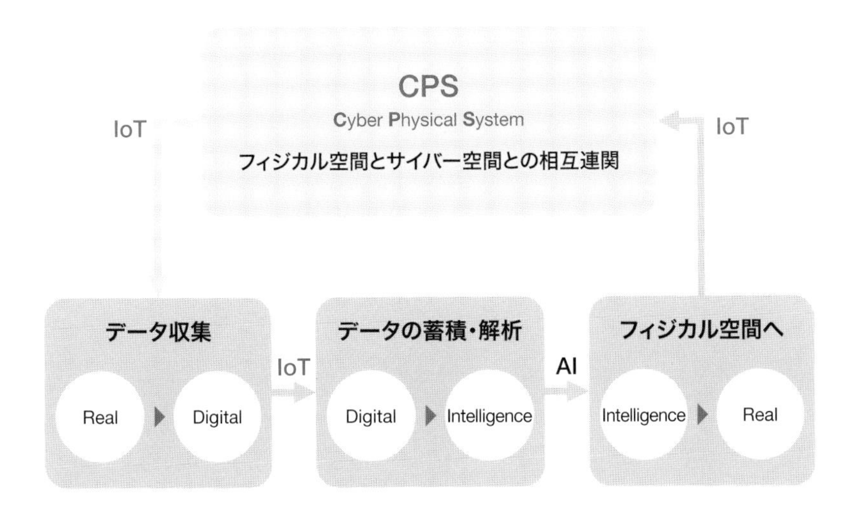

CPSによるデータ駆動型社会とは、フィジカル空間とサイバー空間との相互連関が、社会のあらゆる領域に実装され、大きな社会的価値を生み出していく社会（「CPSによるデータ駆動型社会の到来を見据えた変革」〈経済産業省〉を参考に作成）

Chapter 1
08

自律化による第4次産業革命の実現

自動と自律の違い

「自動」と「自律」の違いを説明する前に、産業革命の歴史から振り返ってみます。第1次産業革命は、18世紀後半、英国で起こった紡績機と蒸気機関の発明による「機械化」にはじまります。第2次産業革命は、石油燃料と電力による「大量生産」、第3次産業革命は、コンピューターによる「自動化」へと進みました。「革命」という言葉から、ある日突然、産業革命が起こったというイメージがあるかもしれませんが、産業革命は漸次的に継続しています。たとえば、第3次産業革命は40年以上前から継続しており、コンピューターによる「自動化」の改善は、現在も進行中です。

そして、第4次産業革命は、IoT、AI、RPAによる「自律化」であり、第4次産業革命は、はじまったばかりです。つまり、「自動化」は従来からの技術であり、「自律化」は最新の技術と言えます。

これらのことを踏まえて自動と自律の違いを説明すると、自動とは、人間が論理（ロジック）を考えて、その通りに動く状態を指し、一般に、この論理はソフトウェアで実現されています。あたかも自分の意志で動いているように見えるロボットも、あらかじめ人間が動作条件を決めて、たとえば障害物があれば回避するようにつくられています。一方、自律とは、AIなどに目的を学習させて、その目的を達成する論理（ロジック）をAI自らがつくりだす状態を指します。

産業革命の変遷

第1次産業革命 18世紀後半〜	第2次産業革命 19世紀後半〜	第3次産業革命 20世紀後半〜	第4次産業革命 21世紀初頭〜
蒸気機関、紡績機	石油燃料、電力	コンピューター、ICT	IoT、AI、ビッグデータ
機械化	**大量生産**	**自動化**	**自律化**

第4次産業革命によってなくなる仕事

第4次産業革命の「自律化」によって、多くの仕事や職業がなくなる方向にあります。従来の産業革命と同様に、なくなる仕事や職業とともに、残る仕事や職業と新たに創出される仕事や職業があるということが重要なポイントです。

自律化による職種への影響

職種	自律化による影響、方向性
各種運転士	自動運転車の実用化や、設備の運転の自律化
通訳	同時翻訳から、最終的には意思疎通までが可能になる
レジ係	すでに、レジなしや無人店舗が登場
各種配達員	郵便、宅配の自動運転やドローンによる配達
プログラマー	設計書をもとにしたプログラミングの自律化
コールセンターや窓口業務	パターン化されている業務をデータ（録画・録音）にして、AIが学習することで顧客対応が可能に
飲食店の接客係	IoTを活用した顧客からの発注や、ロボットによるサービスの提供
秘書	コンピューターによるスケジュール管理や事務処理

Chapter 1

09 IoTによるDXの推進

デジタルトランスフォーメーションとは?

一般に「DX」と表記されるデジタルトランスフォーメーション(Digital Transformation)は、経済産業省では次のように定義されています。

> 企業がビジネス環境の激しい変化に対応し、データとデジタル技術を活用して、顧客や社会のニーズを基に、製品やサービス、ビジネスモデルを変革するとともに、業務そのものや、組織、プロセス、企業文化・風土を変革し、競争上の優位性を確立すること

このように定義されているDXにおいては、IoTにより収集したデータを分析することが重要になります。さらに、組織や企業文化・風土の変革を謳っているところにもポイントがあります。

DXの推進

DXと似た用語に、デジタイゼーション(Digitization)とデジタライゼーション(Digitalization)があります。まず、デジタイゼーションを第1ステップ、デジタライゼーションを第2ステップとして、IoTやデジタル技術を理解し、経験を積むことが、DXを進める上では理想です。なぜなら、第3ステップとなるDXは、「業務そのものや、組織、プロセス、企業文化・風土を変革する」というマネジメント要素も加わった非常に難易度が高い内容になるからです。

しかし、現在、このDXもバズワード（曖昧な理解のまま乱用される言葉）として使われるケースも多く、ビッグデータやIoT、AIという言葉に振り回され、さらにDXという抽象的な言葉に困っているという人も多いのではないでしょうか。ビッグデータやIoT、AI、DXは、言葉は違ってもその本質は「データの有効活用」「全体最適」「付加価値創出」であることに変わりはありません。

デジタルトランスフォーメーションへのステップ

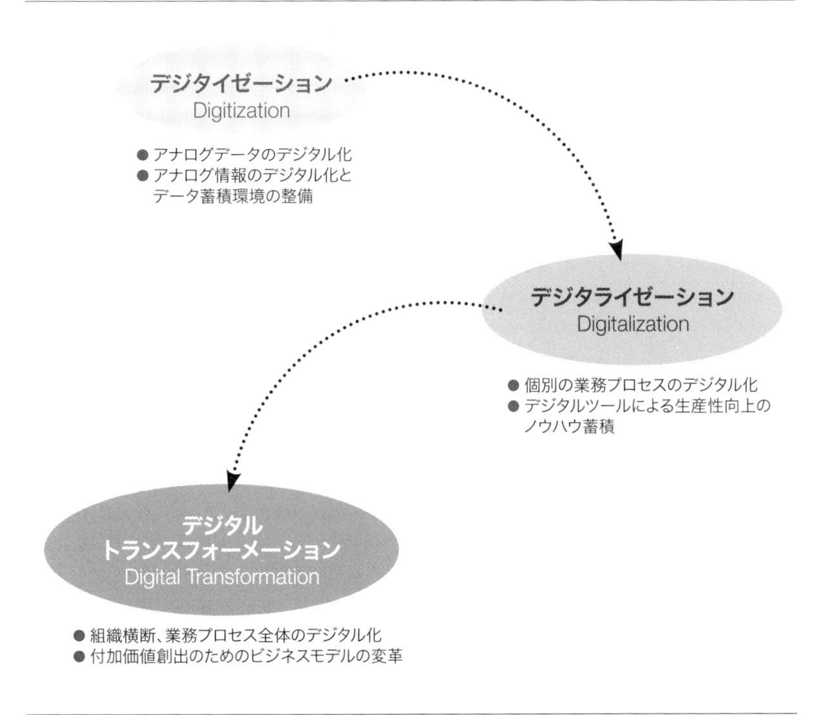

アナログデータを使った業務プロセスが多く残っている組織・企業においては、デジタイゼーションからステップを踏んでデジタルトランスフォーメーションを目指す

Chapter 1

10

デジタルビジネスの出現と産業構造の変化

IoTによる新たなデジタルビジネスの出現

「デジタルビジネス」と聞くと、一部のICTベンダーが実施するものと考える人も多いと思います。しかし、IoTによってそれぞれのビジネスがデジタル化されていくと、ICTベンダーが主体ではなく、ユーザーの立場だった組織が主体的に進める必要があります。そして、IoTによって、あらゆるデータが収集されることで、一人ひとりに合わせたビジネスや課題解決型のビジネスモデルの構築が可能になります。

従来のデジタルビジネスでも、Webサイトの閲覧履歴やネットショッピングの購入履歴から、その個人に合ったリコメンド（おすすめ）は実施されてきました。しかしこれからは、自動車運転情報や健康情報など、SNSも含めたパーソナルな情報が、スマートフォンやマイナンバーカードによって結びつきます。つまり、個人個人がどのような業務を行い、どんな自動車でどこへ行き、どんなスポーツをどの程度行い、どの店でどんな物を買い、どのような病歴があってどんな薬を服用しているかなどの情報です。これらの情報が結びつくと、さまざまな新たなビジネスが出現することは予測がつくものと思います。

IoTによる産業構造の変化

IoTによって収集される情報は、従来、企業ごとや産業ごとに別々の情報を、それぞれのビジネスに活用していました。一方、新たなビジネスは、これら従来の垣根を越えたビジネスであり、従来の産業構造は変化し、産業分野という考え方さえなくなる可能性があります。なお、これらの情報は個人情報を含むため、個人を特定する情報は保護しながら全体最適を実現することがポイントになります。

また、IoTにより、あらゆるモノの状況が把握できるようになり、モノを所有するのではなく、シェアリング（共有）などの利用形態に変化してきています。このようなモノに対する考え方の変化やキャッシュレス決済の普及、自動運転車の実用化などが、産業構造の変化につながっていきます。

デジタルビジネス時代の「One-to-Oneマーケティング」

スマートフォンの普及やIoT関連技術の進歩により、パーソナルデータやセンサーによるデータの収集やAIなどによる分析を活用したデジタルビジネスが次々と誕生している

Chapter 1

11

各国におけるIoTやAIの利活用状況と特徴

米国、ドイツ、中国の利活用状況と特徴

デジタル大国の米国は、GAFAM（Google、Amazon、Facebook、Apple、Microsoft の頭文字）と呼ばれる巨大 ICT 系企業を筆頭に、この 20 年、デジタル産業において目覚ましい進化を続けてきました。IoT や AI の分野でも、いち早く、IBM やゼネラル・エレクトリック（GE）などによるインダストリアル・インターネット・コンソーシアム（IIC）が立ち上がり、先端技術の開発推進を行っています。特に AI の分野では、飛躍的な進歩を遂げているベンチャー企業が多数あり、大手企業との連携も進んでいます。また、IoT を推進する実践的なデジタル技術者やデータサイエンティストも、学校教育の中で育成されています。米国ではデジタル分野の推進は民間主体であり、AI 活用などにおける新しい社会の規制なども業界団体で決定されることが多いという点が特筆すべきところです。

ドイツでは、各産業の大手グローバル企業を中心に構築された標準化をベースにして、国全体をひとつの大きな生産工場としてスマート化させています。これは政府主導の「Industry4.0」と呼ばれる政策で、継続した変革が生まれています。日本と同様に多数存在する中小企業も巻き込み、ものづくりだけではなく、サプライチェーンの全体最適を意識して推進しています。ドイツは国内市場がさほど大きくないため、各産業に 1 社だけ存在する突出した企業が他国のライバル企業と競うという構図が、国全体で団結しやすかった理由のひとつに挙げられます。また、従来から高かったドイツの産業の生産性が、「Industry4.0」の取り組みでさらに向上しています。

中国では、BAT（バイドゥ、アリババ、テンセントの頭文字）と呼ばれる巨大ICT系企業をはじめとして、米国に匹敵するほどデジタル産業は伸びています。また、「中国製造2025」という戦略を掲げ、国を挙げて各産業のデジタル化を推進しています。中国では、国策によるIoTに関連する動きや戦略の徹底、規制などがすばやく行われ、国の管理のもと、あらゆるデータを有効に活用する点に特徴があります。また、AI技術も進化を続けており、その活用についても国策で推進しています。

日本の利活用状況と特徴

一方、日本では、政府・官庁と民間団体などの協力のもと、各ガイドラインの整備や実証実験が進んでいます。特に日本において有利な点として、IoTにおいては産業用ロボットなど、ハードウェア技術が関連することと、IoTの推進においては現場主体に進める必要があるため、現場力が活かされることが挙げられます。つまり、日本のお家芸であるものづくりや現場力を活かしてIoTに取り組み、データの活用に注力していくことが、日本の強みになります。

Chapter 1

12

IoTに関連するデジタル技術の俯瞰

デジタル技術を俯瞰する

IoTを推進する際に必要となるさまざまなデジタル技術について、現在の状況を整理しておきます。

従来からのデジタル技術では、パソコンやスマートフォンなどのハードウェアがIoTで活用されます。パソコンやスマートフォンはカメラとして使え、遠隔での作業における通信の中継機器として利用することも可能です。現在活用されているデジタル技術は、その技術自体が進化して、今後活用されるデジタル技術へと移行していくと考えられます。たとえば、活用場面が広がっているドローンは、人が操縦するものから自律型のものに進化していくことでしょう。

従って、従来からのデジタル技術をベースに、現在活用されているデジタル技術を把握することで、今後活用されるデジタル技術を展望することが可能です。もちろん、IoTに関連するデジタル技術と家庭や工場、店舗、自動車などの利用場面を融合させ、効率向上や付加価値向上につなげていくための「活用技術」も重要です。また、IoTによるつながる世界におけるセキュリティ技術は、あらゆる領域で重要性が高まり、暗号化技術、攻撃対策、認証技術、監視・運用技術なども高度化していきます。

デジタル技術のオープン化とフリー化

さらに、近年、デジタル技術がオープン化、フリー化の流れにあることを理解する必要があります。オープン化とは、たとえばソフトウェアの場合、ソースコードが公開され、誰でも改造が可能であることなどを指します。また、フリー化とは、コストがかからず利用できるという意味です。この流れを有効に利用することで、従来に比べて、あらゆる組織が容易にデジタル技術を活用することができるようになります。

デジタル技術の進化と移行

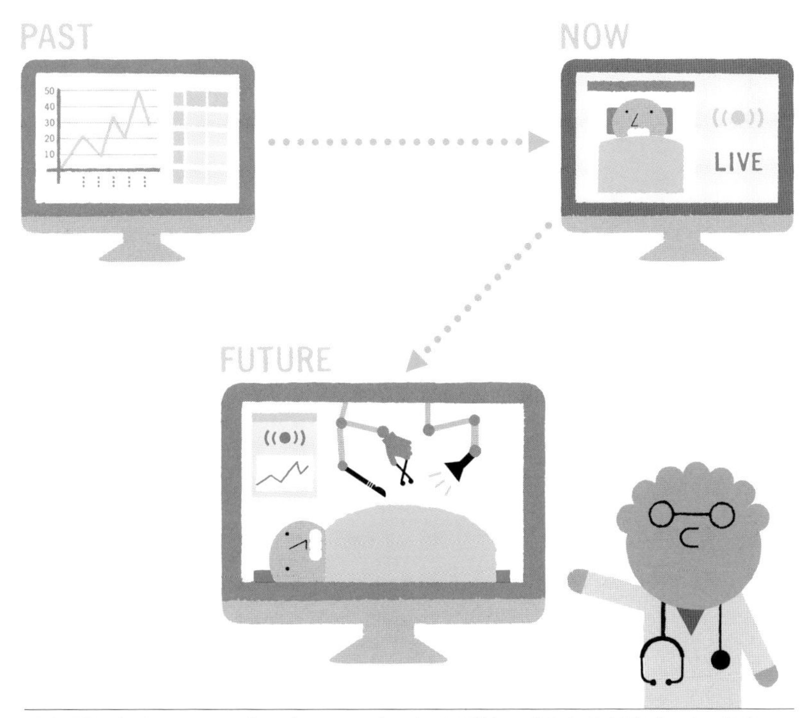

医療現場におけるパソコン（モニター、インターネット環境）の使われ方を例にとると、診療データのグラフ化（PAST）からオンラインによる遠隔診断（NOW）、手術支援ロボットによる遠隔手術（FUTURE）へと進化・移行していく

Chapter 1

13

IoTとAIにより変わった社会のしくみ

IoTとAIが社会に与える影響

IoTとAIは、家庭（スマートライフ）から行政、製造、インフラ、自動車（モビリティ）、医療・介護、流通など、あらゆる分野に活用されて影響を与えてきています。さらに、ICTとは無縁だった農業をはじめとした第1次産業にも、今後、大きな影響を及ぼしていくことでしょう。

IoTとAIの活用により、すでに大きく社会が変化しています。私たちはこの変化に気づき、自身の生活や業務にどのような先端技術が活用され、どのような影響があるのかを理解する必要があります。

IoTとAIの活用による社会の変化

スマートフォンによるeコマースサイトへのアクセスと発注、医師による遠隔診断、ロボットによる生産性の向上、センサーによる高齢者の見守りなど、すでに私たちの身のまわりで、IoTとAIの活用による社会の変化がはじまっている

IoTとAIによる社会の変化と関連技術

分野・領域	主な社会の変化	主な関連技術
家庭(スマートライフ)	見守り、監視カメラ	カメラ、スマートフォン、通信
	スマート家電	通信、AI
業務・教育	メール、情報共有	パソコン、通信、グループウェア
	テレワーク、リモート授業	カメラ、パソコン、タブレット、通信
行政	電子申請	パソコン、スマートフォン、通信
医療・介護	遠隔診断、ウェアラブルロボット	カメラ、センサー、通信、AI、ロボット
自動車(モビリティ)	カーナビゲーション	カメラ、センサー、GPS、通信、AI
	自動運転	カメラ、センサー、GPS、通信、AI
製造・流通・小売	生産管理、品質管理	カメラ、センサー、バーコード、通信、AI
	POSシステム、自動発注	通信、バーコード、タブレット、AI
	ネットショッピング(EC)	パソコン、スマートフォン、通信
	サプライチェーン	サプライチェーンマネジメント(SCM)
土木・建設	自動工事	カメラ、センサー、ドローン、GPS、通信、AI
サービス・飲食	サブスクリプション	パソコン、スマートフォン、通信、AI
	リモート予約	パソコン、スマートフォン、通信、AI
	宅配注文サービス	スマートフォン、通信
	キャッシュレス決済	スマートフォン、通信

社会に与える変化の影響

すでに日本でも、IoT や AI 関連技術の活用により、社会のしくみが大きく変化しています。これらの変化は、今となっては理解できる内容がほとんどですが、30 年前に今の社会を想像できた人は少ないでしょう。また、社会のしくみは徐々に変わってきたため、このようなしくみがなかった時代にどのように生活をしていたのか、業務はどう進めていたのか、想像できないことも多いでしょう。

しかし、それぞれの領域にはまだ多くの課題があり、これからも変化は続きます。そしてその変化は、これからの時代のほうが大きく速いと思われます。つながる世界では、変化が社会に与える影響や波及も大きく、事前に変化の影響を想像できるようにすることが必要になります。

Chapter 2

IoTを構成する基本技術

IoT は、センサーやカメラ、通信技術、データベース、IoT プラットフォームなど、さまざまな先端技術によって構成されています。

Chapter 2

01

IoTシステムの全体像と構成要素

IoTの関連技術

IoT システムの全体像を理解するためには、さまざまな関連技術とその役割・機能を紐づけることが重要です。そして、関連技術の役割・機能は、データの流れからとらえるのがわかりやすいと思います。

一般にデータの流れは、①データ収集（データを集める)、②データ通信（データを送る)、③データ可視化（データを見せる)、④データ蓄積（データを貯める)、⑤データ分析（データを分析する)、⑥データ活用（データを使う）の順になります。条件により、④データ蓄積は、③データ可視化の前や、⑤データ分析の後になることもあります。

クラウドコンピューティング（→P. 056）は、③データ可視化、④データ蓄積、⑤データ分析の基本機能の一部を備えています。また、一般にクラウドで実現される IoT プラットフォーム（→P. 058）も、クラウドコンピューティングの基本機能に加え、IoT システムを実現する付加機能を多数有しています。

これらの関連技術を使った IoT システムは、最終的には「モノ」や「ヒト」と有機的に結びつきます。その結果、CPS やデジタルツイン、DX などが実現されます。また、これらの関連技術に必要なセキュリティは、すべての機能に関連します。

データの流れから見たIoTシステムの全体像

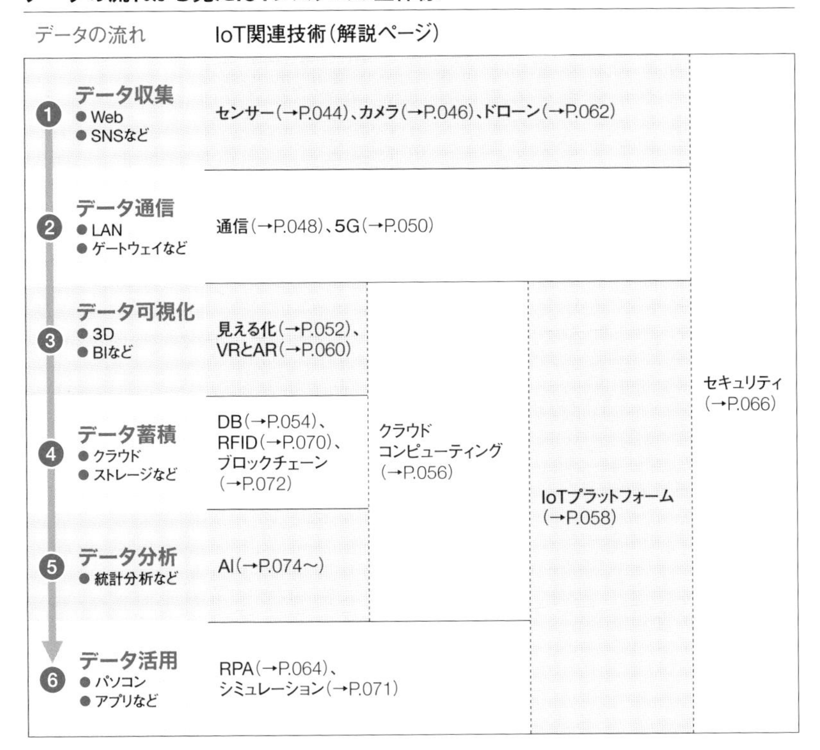

IoTの関連技術の活用

IoTの関連技術は、近年、目覚ましい進化を遂げています。各業界でもさまざまな活用事例が発表されており、それらを参考にして、IoTの関連技術で何ができるのかを理解することができます。また、これらの技術を活用する際は、ハードウェアとソフトウェアが必要になります。ハードウェアは大量生産により値段が安くなる傾向にあり、フリー（無料）のソフトウェアも発表されているので、それらを活用したIoTの推進を考える必要があります。

プログラミング技術の重要性

2020年には、プログラミング教育が小学校で必修化されました。それは、すべてのIoTの要素に関連する技術として、プログラミングが関係することと無縁ではありません。

通常、ICT分野における「プログラミング」は、プログラミング言語を使用したソフトウェア開発の意味で使われます。一方、従来からプログラムという言葉は、イベントなどの演目や予定という意味でも使われてきました。このことから、プログラミングという言葉は、ものごとを実現するための流れ（アルゴリズム）という意味で使われる場合があります。

実際、プログラミング言語を習得するよりも、アルゴリズムの理解が重要だと筆者は考えます。ソフトウェア開発を学習する際は、まずアルゴリズムを学習して、フローチャート（流れ図）を使って複雑な論理を具体化することで、シンプルなソフトウェア（プログラム）を作成することができます。

それでは、プログラミング言語とはどのようなものでしょうか。言語という意味では、日本語や英語、中国語などと同様です。通常、日本語や英語の言語は、コミュニケーションが目的であるため、文法が間違っていても意思疎通ができれば問題ありません。しかし、プログラミング言語の文法は厳格であり、文法に間違いがあると動作しません。また、基本的にプログラミング言語は、どの言語でもいろいろなことが可能ですが、言語ごとに得手不得手があります。

主なプログラミング言語の用途・特徴

プログラミング言語名	用途・特徴
Java	世界でもっとも広く利用されているプログラミング言語。WindowsやMacなど、OSに関係なく動作させることができ、非常に汎用性が高いことから、WebアプリやAndroidアプリの開発、ゲーム、業務システムなど、さまざまな分野で活用されている
C言語	元々、OSを開発するためにつくられた歴史のあるプログラミング言語。ハードウェアに密着した処理を必要とする分野や組み込み系の開発から、スマホアプリ開発やソフトウェア開発まで、多くの利用者がいる
HTML	Webページの構築に用いられるプログラミング（マークアップ）言語。インターネット上にあるほとんどのWebサイトの開発に用いられている。HTMLは、「Hyper Text Markup Language」の頭文字を取った略語
CSS	Webページのデザインの設定に用いられるプログラミング（スタイルシート）言語。Webページの見た目を整えている。CSSは、「Cascading Style Sheets」の頭文字を取った略語
JavaScript	多くのWebページで利用されているプログラミング言語。ポップアップ表示やスライドショーなど、Webページに動的な要素を付与する
VBA	ExcelやWordなど、Microsoftが提供するアプリケーションで使用できるプログラミング言語。MS Officeに付属しており、ローカル環境で使用できるため、プログラミング言語初心者に適する。VBAは、「Visual Basic for Applications」の頭文字を取った略語
SQL	RDB（リレーショナルデータベース、→P.054）の操作を行うプログラミング（データベース操作）言語。SQLを学ぶことでデータベース操作ができるようになるため、アプリケーション開発の際に役立つ。SQLは、「Structured Query Language」の頭文字を取った略語
R言語	統計解析に特化したプログラミング言語。関数名に日本語を使用することができるため、読みやすいコードが書けるが、使いこなすには統計分析の知識が必要になる
Python	AI開発や機械学習のデータ分析で活用されているプログラミング言語。コードがシンプルで読み書きしやすいことから、初心者向けのプログラミング言語と言われ、Webアプリケーションやスマホアプリ開発などでも利用されている

Chapter 2

02

IoTに欠かせないセンサーの種類と役割

センサーの種類

センサーは、IoTの起点となるデータ収集のポイントです。モノの状態を把握することが可能なさまざまなセンサーがあり、広義には、マイクやGPSもセンサーに含まれるという考え方もあります。一般に、人が感知可能なものはすべてセンシングできると言われ、人が感知できないものにもセンシングできるものが多数あります。

IoTが注目されはじめた要因のひとつに、世界的に普及が拡大しているスマートフォンに多数のセンサーが使われたことで、センサーの価格が劇的に安くなったことが挙げられます。また最近では、新型コロナウイルス感染症拡大の影響から、センサーで赤外線の放射量を検知して体の表面温度を測定する温度計も普及しました。

主なセンサーの分類と測定項目

分類	測定項目
熱・水系	温度(接触、非接触)、水分、湿度
機械・物理系	重量、流量(F)、圧力(P)、速度、振動、加速度、ジャイロ(回転)、距離
電気系	電流、電圧、電力、電場、地磁気
光・音系	赤外線、画像、音、超音波
生物系	臭覚、味覚、バイオ、生体
化学系	酸素、二酸化炭素、イオン、ガス、pH

センサーの活用

従来、人が五感に頼っていた作業が代替え可能になる、さまざまなセンサーの活用事例があります。身近な例では、各種センサーの活用により、自動運転車が実用化の段階に入っています。

生産設備や製品の故障予知には、電流、振動、音、熱（温度）、匂いセンサーなどが活用されています。設備自体がIoTシステムに直接つながっていない場合には、間接的に外付けでセンサーデバイスを設置します。設備の稼働状況や製品の利用状況のモニタリングには、電流、振動、音、熱（温度）センサーで確認する方法や、PLC（制御装置）の入出力の電流、信号を確認する方法、パトランプ（回転灯）を光センサーで確認する方法、設備の表示板をカメラでモニタリングする方法などがあります。最近では、AE（アコースティックエミッション）センサーと呼ばれるもので、材料が変形・破壊するときに生じるひずみから継続的に放出される音波を検出することで、鉄塔やタンク、配管等に金属疲労による傷が生じたことを早期に検知できるようになりました。故障検知のために振動センサーを設備に取り付ける場合、最適な位置をあらかじめ特定することが難しいため注意が必要です。モーターやアーム、治具など、部位によっても適切な取り付け位置が変わります。最初は多数のセンサーを取り付け、解析の結果で適切な位置を絞り込んでいきます。

また、人の健康状態もセンサーで把握可能になっています。コンタクトレンズのセンサーで涙の血糖値を測定し、糖尿病の患者の判別ができる「スマートコンタクトレンズ」も開発されています。生体（バイオメトリック）認証では、指紋や虹彩などの生体情報による認証が活用されています。

Chapter 2

03 カメラの役割と活用事例

カメラの役割

センサーと同様に、カメラもモノやヒトの状態を詳細に確認するための重要なIoT関連技術です。単体のカメラのほか、スマートフォンやタブレット、ドローンに搭載されたカメラなど、他のデバイスと一体になって使用されたり、他のセンサーなどと組み合わせて使用されたりする場合があります。

近年、デジタル技術の向上により、顔の表情や細かな文字までカメラで読み取れるようになっています。ディープラーニング（深層学習）というAIの学習手法により、カメラで撮影した画像や動画を詳細に分析できるようになったことも、IoTでカメラの活用が進んだ要因です。一般的なカメラのほかに、モノやヒトの表面温度を測定して、熱分布を画像として表示することができる「サーマルカメラ」も活用されています。また、最近では、「360度カメラ」を装着した作業者によって撮影・送信される作業現場の映像を分析することで、業務の効率化が図られています。

一方、カメラで収集したデータは、他のデバイスで収集したものと比較するとデータサイズが大きくなることが多いため、通信機能を圧迫したり、データ蓄積（ストレージ）コストを増やしたりすることがあります。それらを防ぐために、通信前に不要なデータを削除する方法やデータを圧縮する技術も理解する必要があります。

カメラの活用方法

カメラでモノやヒトの動きを確認することで、倉庫やものづくりの現場における生産性の向上に活かされています。たとえば、今までは定期的な点検しかできなかったものや、高所などで足場を組んで確認しないといけなかったものが、カメラを使った遠隔監視により、常時確認が可能になりました。また、遠隔操作でカメラの角度の変更やズームすることもできるので、設備の動作不良やヒトの動きの異常（転倒など）を検知する異常検知にも活用されています。さらに、設備などの表示板のランプや表示されているデータを収集したり、温度や流量などを表示しているアナログの針の動きをデジタル化したりするアプリケーションがあり、それほど高精度のカメラを利用しなくても、設備の稼働状況が監視できるようになっています。

近年、街のあらゆる場所にカメラが設置されており、歩く姿で個人を識別する「歩容認証」という技術が、犯罪捜査の現場に浸透しています。歩容認証は小売店でも万引き防止に役立ち、異常を検知した場合のみ映像データを残すことも可能です。ほかに、体操競技などの採点の自動化や、コロナ禍におけるソーシャルディスタンスの確認にもカメラが活用されています。

Chapter 2

04

IoTを支える通信技術の進化

目的別の通信方式の選択

通信方式は有線通信と無線通信に分類されます。通信の安定性が高いのは有線通信のほうですが、最近は、移動への柔軟性などのメリットから、無線通信を採用する流れが加速しています。無線通信で使われる電波は共有財産であり、日本では総務省が管轄し、電波法によって許可が必要な場合も多くあります。これまで無線通信には、有線通信との比較において、通信速度の遅さ、信頼性の低さ、国別の使用周波数の不統一、雑音による影響などのデメリットがありましたが、各産業分野で技術進化・改善が進み、使い方を誤らなければ問題にならないレベルになっていると言えます。

通信方式の選択には、通信速度や通信距離を検討する必要があります。通信速度と消費電力、通信コストはトレードオフの関係にあります。たとえば、雨量など少量のデータを定期的に送信するだけで、バッテリーのみで動きつづけないといけない雨量計のようなセンサーの場合は、消費電力の少ない低速通信を選択すべきです。また、消費電力を抑えて遠距離通信を実現する通信方式のLPWA（Low Power Wide Area）は、エリアが広いプラントや農業などでのIoTシステムで活用が進んでいます。そして最近は、第５世代の移動通信システム「５G」が注目されています。

通信速度や通信距離のほかに、通信方式を検討する際に考慮が必要な項目として、いつでも安定して通信機能が利用できる可用性・安定性、データが漏えいしない機密性、データが改ざんされない完全性、バッテリーでの動作が可能な省電力、いろいろな機器が接続可能な相互接続性、問題の有無を常に監視できる通信サービス、通信機能の柔軟な拡張性、免許不要な容易性、導入時や問題発生時のサポート体制の充実などが挙げられます。

進化を続ける通信技術

5G以外にも新たな通信方式が提案され、実用化に向けて動き出しています。LPWAにも、LoRaWAN、Sigfox、ELTRES、ZETA、NB-IoT、LTE-Mなど、さまざまな方式がありますが、今後さらに進化するものと淘汰されるものがあると考えられます。また、Wi-Fiも進化を続けており、Wi-Fi HaLowはLPWAを意識して低消費電力で遠距離通信にも対応した仕様になっています。Wi-Fi 6に続くWi-Fi 7は、2024年頃に仕様が固まり、通信速度も大幅に向上される見込みで、MIMO（Multiple-Input and Multiple-Output）も拡張されます。MIMOとは、複数の端末に同時にデータ送信が可能な技術です。

各種通信方式の比較

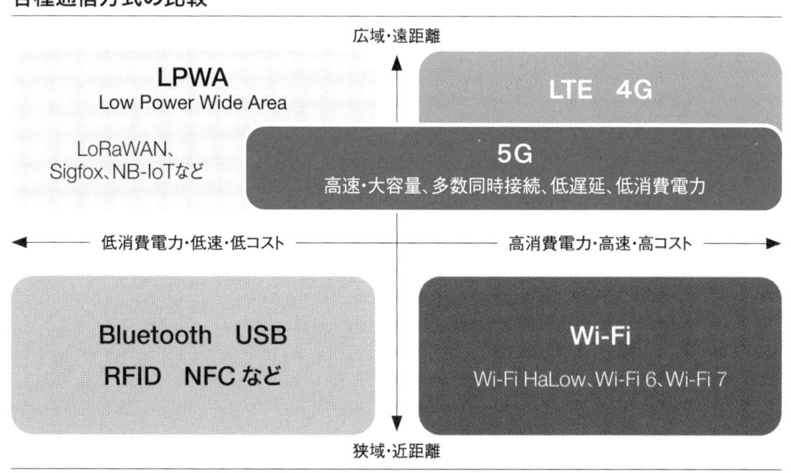

Chapter 2

05 未来の社会を実現する5G

5Gの特徴

第5世代の移動通信システム「5G」の目的は、パソコンやスマートフォンのための単なるインターネット通信と異なります。5Gは、今までのキャリア通信（モバイル通信）と異なり、IoTのための通信システムと言ってもいいでしょう。

5Gの大きな特徴として、高速・大容量通信、多数同時接続、低遅延、低消費電力があります。これらの優れた通信技術を実装した5Gを利用することで、遠隔操作による手術や自動運転車の車間距離制御などが可能になります。

注意しなくてはいけないのは、5Gは段階的に実現される点です。最初は、従来の基地局をそのままの状態で利用するNSA（Non Stand Alone）構成ため、性能も制限されます。ゆくゆくは、SA（Stand Alone）構成になり、ネットワーク・スライシング（NW）技術なども活用されて、最終仕様が実現されます。

また、5Gに付随して注目されている技術にMEC（Multi-access Edge Computing）があります。MECは、5Gのエッジコンピューティング（端末に近い場所で処理する技術）のために標準化されたもので、通信の効率化やリアルタイム処理の実現が可能になります。

IoT時代のICT基盤「5G」の特徴

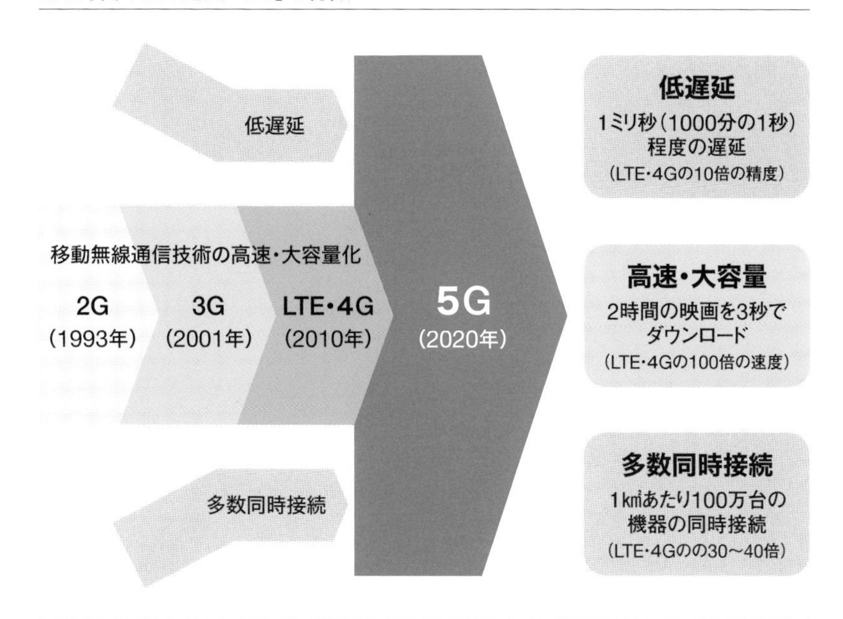

令和２年版『情報通信白書』（総務省）に掲載の図版をもとに作成

注目されるローカル5G

一般の5Gは、携帯電話の通信サービスを提供する通信事業者（キャリア）による通信となりますが、特定のエリア（区域）のみ周波数帯の異なる5Gを、キャリアとは独立して使う「ローカル5G」が注目を集めています。ローカル5Gは目的に合わせて特定のエリアで専用利用できるため、つながりにくくなることもなく、セキュリティ上の安心感もあります。ローカル5Gの利用は、4K・8K動画の配信、遠隔診療、建機や土木工事の遠隔制御、農場や森林の管理、河川や堤防等の監視、自治体のテレワーク環境の整備、eスタジアム（eスポーツ）や、スマート工場、スマートプラント、デジタルツインの実現などが考えられます。

Chapter 2

06 「見える化」する技術

3D技術が支える「見える化」

「見える化」とは、IoTで収集したデータを人間が理解できるようにすることですが、そのためには、いくつかの手法があります。これまで、製造業では「QC（Quality Control、品質管理）7つ道具」が有名で、ICTの世界では「グラフ化」が一般的でした。

現在、「見える化」を大きく変えているのは3D（3次元）技術です。従来は、2D（2次元）で図面確認や操作指示を行っていたのに対し、3Dになると自由に角度が変更できるなど、利便性も高くなり、2Dと比べて理解度が大きく向上します。3D技術はVR（仮想現実）やAR（拡張現実）などとも組み合わせて活用されており、モノを3Dでスキャンする技術も進化しています。また、写真から3Dデータを作成することも可能で、工場やプラントのスキャンデータからのレイアウト設計や、土木工事現場のスキャンデータからの自動工事などが実施されています。360度カメラの映像も「見える化」に役立っています。

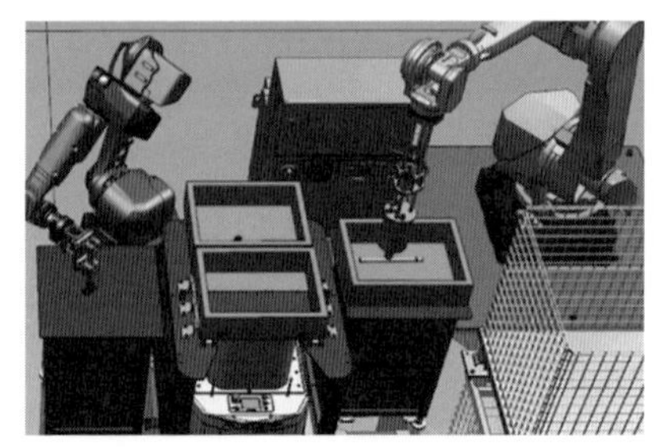

3D CADデータによる統合デジタルファクトリツール「Process Simulate」で作成したスポット溶接の3D画像（画像提供：FAプロダクツ）

BIツールとは

「見える化」の手段として利用されているものに、BI（Business Intelligence、ビジネスインテリジェンス）ツールがあります。BIとは、企業などの組織データを収集・蓄積・分析・報告することで、業務の意思決定に役立てるための手法や技術を指します。目的の異なる部門や担当者がデータを分析する際に、切り口を自由に変えられるメリットがあり、より深い分析が可能になります。

従来は、専門知識をもった一部のICT技術者のみが対応していましたが、最近は、BIツールのエンドユーザー自身がレポートを作成できる「セルフBI」が主流になりつつあります。また、単なる「見える化」のためだけのツールとしてではなく、AIなど、各種IoT関連技術との融合がはじまっています。主要なBIツールには、Power BI（Microsoft）、Googleデータポータル（Google）、Tableau（タブロー）、Cognos（IBM）、Domo（ドーモ）があります。

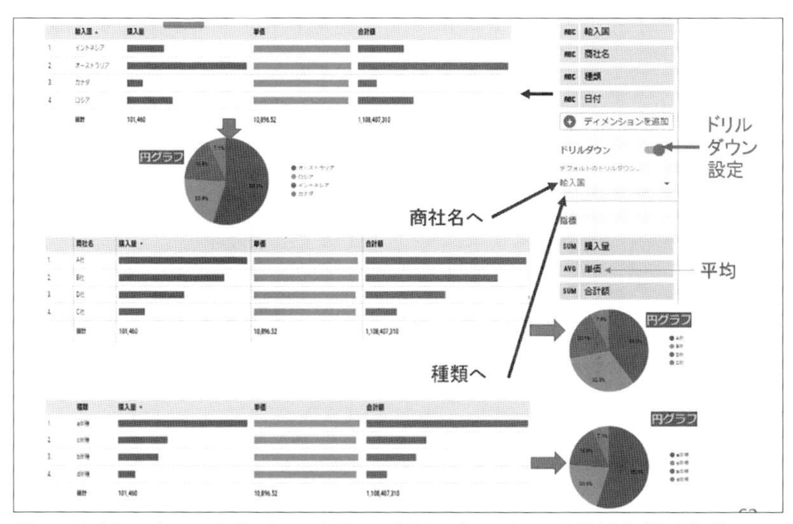

BIツール「Googleデータポータル」を用いて「見える化」したデータ分析例（筆者作成）

Chapter 2

07 データベース技術の変化

IoT時代のデータベース

データベース（DB）とは、一定の形式で管理・整理されたデータの集合であり、複数の使用者で共有して、検索や加工（登録、更新、削除など）に利用されます。「ストレージ」と混同されることがありますが、ストレージは単にデータを保存しておく場所です。パソコンであれば、ハードディスクドライブ（HDD）やソリッドステートドライブ（SSD）がストレージに相当し、DVDやCDもストレージの一種です。

従来のデータベースの主流はRDB（リレーショナルデータベース）で、SQL（Structured Query Language）というデータベース言語で操作されます。RDBは、Excelシートのような列と行の表形式で、一般に、数値や文字の構造化データ（定型データ）を管理するために利用されます。

IoTシステムでもRDBは利用されますが、IoTでは画像や動画、音声などの非構造化データ（非定型データ）を扱う必要があるので、NoSQLと呼ばれるデータベースが利用されます。NoSQLとは、一般に「Not only SQL」と解釈され、RDB以外のデータベース管理システムを指します。

データベースの種類と特徴・用途

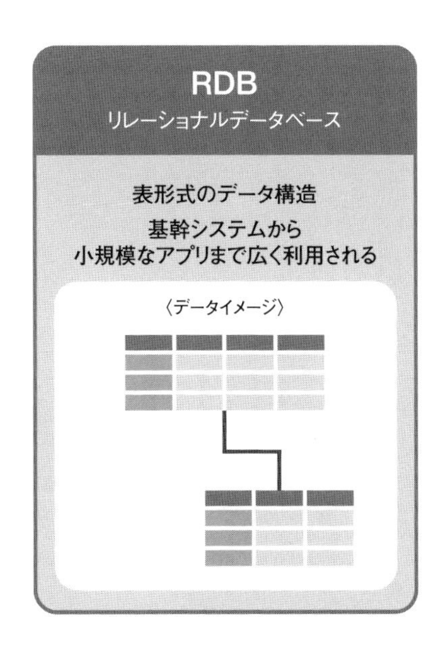

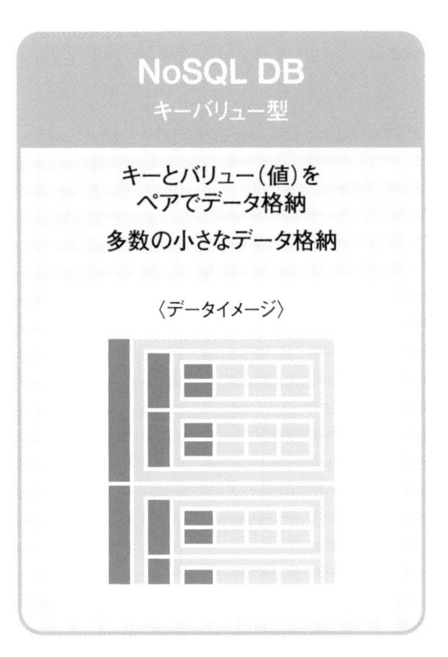

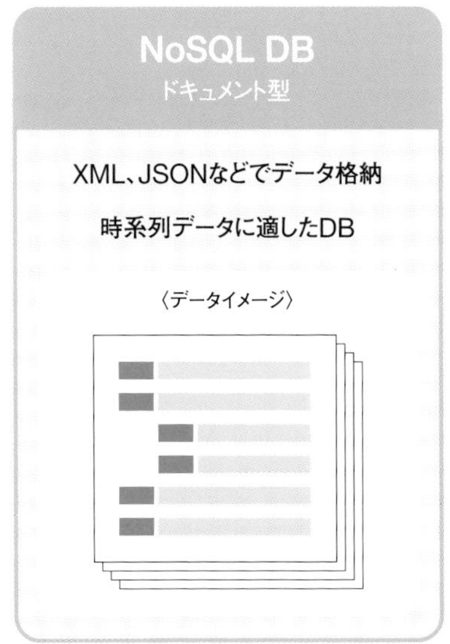

IoT 時代は、大量のデータをリアルタイムに処理する必要がある。そのため、汎用性、信頼性の高いRDB に加えて、データやアクセスの種類に応じた用途特化型の NoSQL DB が必要になっている

Chapter 2

08

クラウド技術による IoTの実現

クラウドコンピューティングとは

インターネット環境（クラウド環境）で、サーバーやストレージ、データベース、ソフトウェア、アプリケーションなどのコンピューティングサービスを利用する形態を「クラウドコンピューティング」と呼びます。一般に「クラウド」と略して呼ばれることが多いクラウドコンピューティングは、インターネットに接続できる環境で、Webサイトを閲覧するために使うソフトウェアのブラウザさえあれば動作可能なので、非常に容易に利用できます。一方、サーバーやネットワーク機器、ソフトウェアなどを自社で保有・運用するシステムの利用形態を「オンプレミス」と呼びます。

クラウドコンピューティングのメリットとして、自社で障害対応やメンテナンスが必要ない「導入・保守の容易性」、使った分だけで済む「導入・運用コストの削減」、容量などが不足しても即拡張可能な「拡張性」や、「サービス利用場所の制約削減」「情報共有の容易性」が挙げられます。

一方、クラウドコンピューティングのデメリットとしては、性能遅延、社内システムとの連携のしにくさ、オンラインの必要性、セキュリティの問題、カスタマイズのしにくさ、すべてのデータをクラウドに送信するとストレージ量や処理が膨大になる、使った分だけのコストのため見積りが難しいなどが挙げられます。

クラウドを使ったIoTシステム

さまざまなIoTの機能を備えたクラウドシステムを「IoTプラットフォーム」と呼びます。IoTプラットフォームはクラウドで実現されることが多く、クラウドのIoTプラットフォームに自動接続できるゲートウェイ（ネットワークの中継器）を「IoTゲートウェイ」と呼んでいます。元来、「ゲートウェイ」はネットワーク用語であり、通信プロトコルが異なるデータを中継する役割をもち、ファイアウォールやフィルタリングなどのセキュリティ機能を備えている場合があります。

クラウドを利用するとデメリットになる場合もあり、それらの問題を回避する目的で「エッジコンピューティング」が利用されることもあります。IoTゲートウェイやセンサーデバイスなどの末端の装置などで、フィルタリングやデータ分析、データ判定など、データの処理を実施する場合をエッジコンピューティングと表現します。

IoTゲートウェイの役割

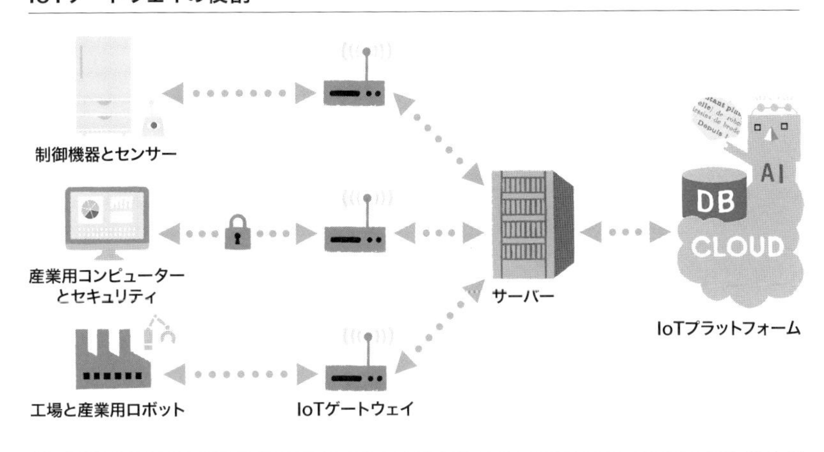

IoTゲートウェイは、クラウドのIoTプラットフォームに自動接続できるネットワークの中継器で、ファイアウォールやフィルタリングなどのセキュリティ機能を備えている場合がある

Chapter 2

09

IoTの基盤となるIoTプラットフォーム

IoTプラットフォームの特徴と機能

IoTプラットフォームとは、IoTを活用するために必要なさまざまな機能やサービスを提供する基盤のことです。通常、クラウドコンピューティングでIoTに関連するツールや開発環境が提供されており、これらの機能を活用することで、IoTシステムが比較的容易に実現できます。

IoTプラットフォームの特徴は、IoTに関連する機能やサービスが実現できることです。一般に、クラウド形式でサポートされ、初期費用が少なく、利用した分の課金制で利用できます。IoTプラットフォームは、さまざまなプラットフォーマーから提供されており、無料のお試し期間の利用や導入サポートを試行した上で採用することも可能です。IoTは、試行錯誤しながら推進されるという特徴もあり、クラウドで実現されているIoTプラットフォームで、PoC(Proof of Concept、概念実証)を実施する方法も取られています。

IoTプラットフォームの機能には、IoTに接続されている端末(デバイス)管理、ストレージ(データ蓄積)機能、データベース機能、データの収集・保存・加工機能、データの見える化、AIによる情報の統計分析機能、時系列データ分析、データの異常検知機能、画像処理・自然言語処理・音声処理機能、アプリケーションの利用、アプリケーション開発支援などが挙げられます。IoTでは、長期的な保守や互換性を考え、既存のツールやアプリケーションを有効活用することが重要になります。

主なIoTプラットフォーム

IoTプラットフォームには、ICTベンダーが提供する民生用IoTプラットフォームと、製造業側から提供する産業用IoTプラットフォームがあります。前者では、プラットフォーマーの認定サポーターとなっているICTベンダーや、複数のプラットフォームの支援実績があるICTベンダーが多数あり、IoTシステムの構築が自社で対応できない場合、ICTベンダーに支援を依頼することも可能です。

主な民生用IoTプラットフォームと産業用IoTプラットフォーム

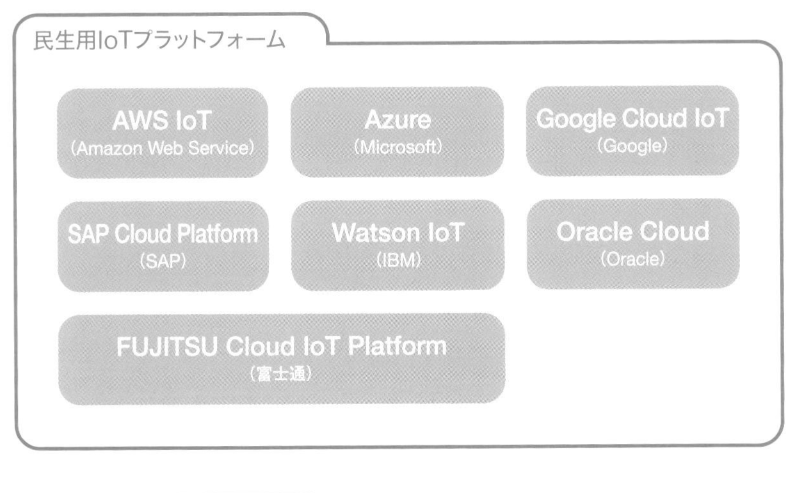

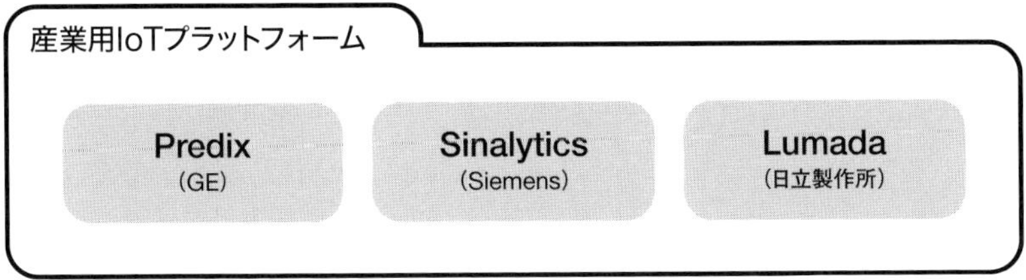

「IoTプラットフォーム」の機能には、データを収集する役割と大量のデータを蓄積する役割、アプリケーション開発支援の役割などがあり、各社プラットフォームそれぞれに特徴がある

Chapter 2

10

VR(仮想現実)とAR(拡張現実)

VRやARでできること

一般に、仮想現実は「VR(Virtual Reality)」、拡張現実は「AR(Augmented Reality)」と略され、いずれも、シミュレーションした環境を理解しやすく見せる技術です。

VRでは、仮想の世界を現実のように体験することができます。不動産物件の内覧、旅行体験、顧客対応のトレーニング、事故体験、医師の手術体験や、ヘッドマウントディスプレイを装着して作業状況を疑似体験したり、工場や物流の動きのシミュレーションを確認して改善したりできます。

一方、ARでは、現実世界で人が見える情報に別の情報を加えることができます。観光地における名所の説明、スポーツ観戦時の選手情報(特徴、成績など)表示、翻訳情報の追加、部屋の家具配置、美容院での髪型確認、運転案内や店舗情報・商品情報の追加、新人教育への活用、商品ピッキングのアシスト、工場見学、工場の点検作業(遠隔指示)、設備情報の付加や、ヘッドマウントディスプレイに作業マニュアルや作業動画を表示したり、人間の新たな能力(学習、意思決定、知恵)の開拓に活用したりできます。

VRとARは、IoTでは、他の技術と組み合わせて活用されることが一般的です。パソコンやスマートフォン、タブレットでも利用可能ですが、多くの場合、身体に装着して使用するウェアラブルデバイスで利用されています。

AR 設備保全ソリューションは、タブレットを操作盤や装置、工場にかざすだけで、リアルタイムな情報を得ることができる（画像提供：コネクシオ）

ARをさらに進化させたMR

最近、「MR（Mixed Reality、複合現実）」という言葉も耳にするようになりました。AR に他の技術（センサーなど）を同時に一体的に組み合わせると、たとえば、自分の動きに同期してスマートグラスなどに情報を表示させることができます。つまり、位置情報などを含めて制御されることによって、よりリアルな空間が創出されます。この技術を MR と呼びます。

MR では、複数の人が同時に同じ空間に入り込むことが可能であり、複数の場所で開催されている会議があたかも同じひとつの実空間で開催されているように表現できます。つまり、AR は現実世界に別の情報を加える概念だったのに対し、現実世界を完全に別の仮想世界に置き換えることを可能にしたのが MR です。AR、VR、MR を合わせて「xR（xReality 、x は未知数を示す）」と表現することもあります。今後、さらに高度なリアル感を創出させるために、5G などの超高速・大容量・多数同時接続の通信環境が推奨されます。

Chapter 2

11 ドローン技術の活用

ドローン技術と規制

一般に、遠隔操作や自動操縦の機能を有している無人航空機（UAV、Unmanned Aerial Vehicle）の通称を「ドローン」と呼びます。ドローンが最初に登場したときは、主に、上空からの動画撮影に利用されて、見たことのない風景が楽しめたことから、撮影をするためのツールというとらえ方をされていました。しかし、現在では、単なる撮影ツールにとどまらないさまざまな活用事例があります。

IoTの観点からは、ドローンはカメラを搭載して飛行することで、従来と異なる視点でデータを収集することができる技術ととらえることができます。また、物理的にモノを移動（搬送）させることも可能であり、IoTでは限界がある「場所」をつなぐ役割を担うこともできます。

ドローンの利用には、当初、特に規制はなかったのですが、墜落による被害や、空港や重要施設への侵入などの問題が発生するようになり、徐々に規制が厳しくなりました。現在の日本における規制内容は、人家や空港など危険区域への飛行禁止や、目視の範囲外や夜間など危険な条件での飛行禁止などです。ドローン物流への期待は、地方の活性化を含め、大きいのですが、現在の規制のままでは取り組みが進みません。そこで現在、ドローン操縦のライセンス制度や機体の安全性の認証制度など、国を中心として、新たな取り組みがはじまっています。

ドローンの活用

ドローンは、さまざまな活用方法が考えられます。自動輸送手段としては、医療で使用される血液の輸送や離島への物資の供給などに利用されています。また、米国では、ネットショッピングのボトルネックである宅配のドローン配送が推進されており、日本においても、法整備も含めた検討が行われています。

測量ツールとしては、土木工事現場などで3D技術と組み合わせることで、測量をもとにした土量計算や自動工事のための撮影に活用されています。また、遠く離れた場所の状況確認や、高所などで足場を組んで実施しなければいけなかった点検にドローンを利用することは、効率改善や迅速性などの効果があります。地方自治体などでは、地震などの災害状況の確認にドローン活用が進められています。さらに、重要なイベントの警備や犯罪防止のためにもドローンが利用されることが多くなっています。

今後は、自律型ドローン技術の開発が進むと予想されます。自律型ドローンとは、目的を達成するためにAIを使用して、自ら学習を行いながら最適な飛行や撮影を実施するものです。

2019年、福岡市上空で行われた自律型ドローン配送の実証実験のようす（TechWaveウェブサイトより）

Chapter 2

12

RPAによる自動化とシステムの連携

RPAとは

RPAとは、Robotic Process Automationの頭文字を取った略語で、ロボットによる業務（プロセス）の自動化を表す言葉であり、そのツールを指します。物理的なロボットではなくソフトロボットがパソコンのソフトウェアとして作動して、人が行う画面への入力作業などのパソコン操作を自動化してくれます。既存のパソコンにRPAをインストールして作業を記録することで、生産性向上やミスの防止が図られます。

具体的には、キーボードやマウス操作の自動化、画面に表示された文字、図形、色の判別、異なるアプリケーション間のデータの受け渡し、エラー処理など条件による分岐設定、IDやパスワードの自動入力、アプリケーションの起動と終了、スケジュール設定と自動実行、蓄積されたデータの整理や分析などがRPAで可能になります。

これらの機能を組み合わせることで、たとえば、「Webサイト上の情報を検索・収集して、Excelで一覧表にまとめる」といったコピー&ペーストの単純作業の繰り返しを自動化することが可能になります。また、RPAは、業種や職種などに合わせた柔軟なカスタマイズが可能で、金融業界をはじめとするさまざまな業種・職種の生産性向上に活用されています。現在、RPAには、RPA Express、WinActor、BizRobo!、UiPathなど、さまざまな種類があり、条件によっては無料で使用可能なRPAもあります。

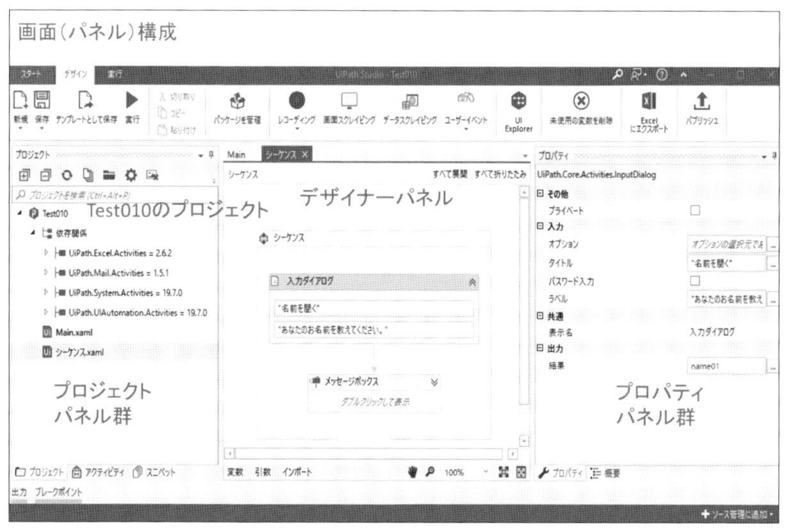

RPA ツールのひとつである「UiPath」の画面（パネル）構成（筆者作成）

IoTにおけるRPAの役割

RPA は、単なる自動化ツールとしてとらえられがちですが、IoT の観点からは、独立したシステムやアプリケーションをつなぐ役割を果たすという見方もできます。つまり、現状の業務は、つながっていないシステムを人が作業でつないでいる、属人化している部分を人が作業でつないでいる、部門ごとにサイロ化している業務を人が作業でつないでいるという状況ですが、RPA は、全体最適化されていない業務やシステムの問題に対応するものであり、単なる自動化が目的ではありません。そもそも、互換性や整合性を意識した複数部門の業務システム全体で接続可能な自動化システムが存在していれば、RPA を利用する必要はなかったという考え方もできます。今後は、RPA と AI が連携することで、自律的 RPA が活用可能になり、最適な業務改善が実施されることになります。

Chapter 2

13

IoTにおけるセキュリティ技術の基本

IoTではセキュリティがアキレス腱

通常のICTにおけるセキュリティ技術も非常に奥が深いのですが、IoTにおいても、セキュリティはアキレス腱と言われます。今後ますます、重要なデータが増加していくなかで、セキュリティ技術はIoTに関わる人にとって必須のスキルになります。

ICTにおけるセキュリティ技術の分類とセキュリティ項目

分類	セキュリティ項目
暗号化技術	共通鍵暗号化方式、公開鍵暗号化方式、SSL(Secure Sockets Layer)など
攻撃対策	DoS(Denial of Services)、DDoS(Distributed Denial of Service attack)、SQLインジェクション、サイドチャネル攻撃、トロイの木馬、Denial-of-Sleep攻撃、ランサムウェアなど
認証技術	パスワード認証、2要素認証、リスクベース認証、トークン、ホワイトリスト型認証、生体認証など
監視・運用技術	セキュアOS、SSH (Secure Shell)、SNMP (Simple Network Management Protocol)、ファイアウォール(防火壁)、改ざん検知、侵入検知、パケットフィルタリング、NTP(Network Time Protocol)、Syslog、統合ログ管理など

2000年以降の情報セキュリティ上の脅威の変遷を見ると、あらゆる種類の悪意のあるソフトウェアの総称であるマルウェアや攻撃手法・事例については、ほぼ毎年のように新種の形態が出現している

制御システムの観点からセキュリティを担保する

IoT機器として使われる設備には、長期にわたって利用されるものが多く、セキュリティの保守をどの程度の期間実施しないといけないのかという課題があります。情報セキュリティマネジメントシステム（ISMS、Information Security Management System）を実現するために、国際標準化機構（ISO）と国際電気標準会議（IEC）が共同で策定する、情報セキュリティに関する「ISO/IEC 27000」という国際規格群があります。企業でもISO/IEC 27000を活用している組織もあると思いますが、IoTのセキュリティは、ISO/IEC 27000では不十分だと言われています。IoT機器は、制御システムの観点からセキュリティを担保する考え方が重要です。加えて、重要なインフラでは、「IEC 62443（制御システムセキュリティ）」をベースにセキュリティマネジメントシステムを構築する必要があります。

情報セキュリティマネジメントシステム

情報セキュリティ

機密性：アクセスを認可された者だけが情報にアクセスできること

完全性：情報および処理方法が正確・完全であること

可用性：アクセスを認可された者が必要なときに情報や関連資産にアクセスできること

マネジメントシステム

Plan：情報セキュリティ対策の具体的計画・目標を策定する

Do：計画に基づいて対策の実施・運用を行う

Check：実施した結果の点検・監視を行う

Action：経営陣による見直しを行い、改善・処置を行う

情報セキュリティマネジメントシステムは、情報の機密性・完全性・可用性の維持のために、PDCAサイクルを継続的に繰り返し、セキュリティレベルの向上を図る

IoT にも起こりうるSoSの問題点

SoS（System of Systems）は、それぞれ独立したシステムが相互に組み合わさって新たなシステムを構成する場合を指します。デジタルカメラとプリンターの関係のように、それぞれ独立したシステムが組み合わさることで直接接続して、撮影した映像をプリントアウトすることができる機能を実現することになります。しかし、一般的には、SoS で組み合わさった状態での品質や安全保証に対しては、責任や管理体が不明確になることが多いのが実情です。

IoT システムも、SoS の概念と同様に、組み合わさって新たなシステムを形成するため、誰が品質や安全を保証するのかが不明確になります。また、想定外の組み合わせや予期せぬデータの利用が行われることがあったり、管理者や責任者が不明確なため、適切な保守が行われなかったりすることが多くあります。さらに、出荷後に利用方法が変わっても、管理者がいないため、重要な問題に誰も対応できないことがあります。従って、IoT では SoS の問題点を意識して、十分なセキュリティの確保を実施する必要があります。

IoTのセキュリティ適用の具体例

工場・プラントを例に、どのようにIoT におけるセキュリティ対応を実施するかを、右の図にまとめました。制御装置などの暴走が大きな事故に結びつく場合は、ネットワークを階層構造にして、各境界にファイアウォールを設けるなどが必要になります。特に、制御系のセキュリティ部分は固有のシステムが多く、対策も難易度が高いため、専門的知識が必要になります。また、関連する組織が大規模になると、セキュリティマネジメントが重要になります。

工場・プラントのIoTセキュリティイメージ

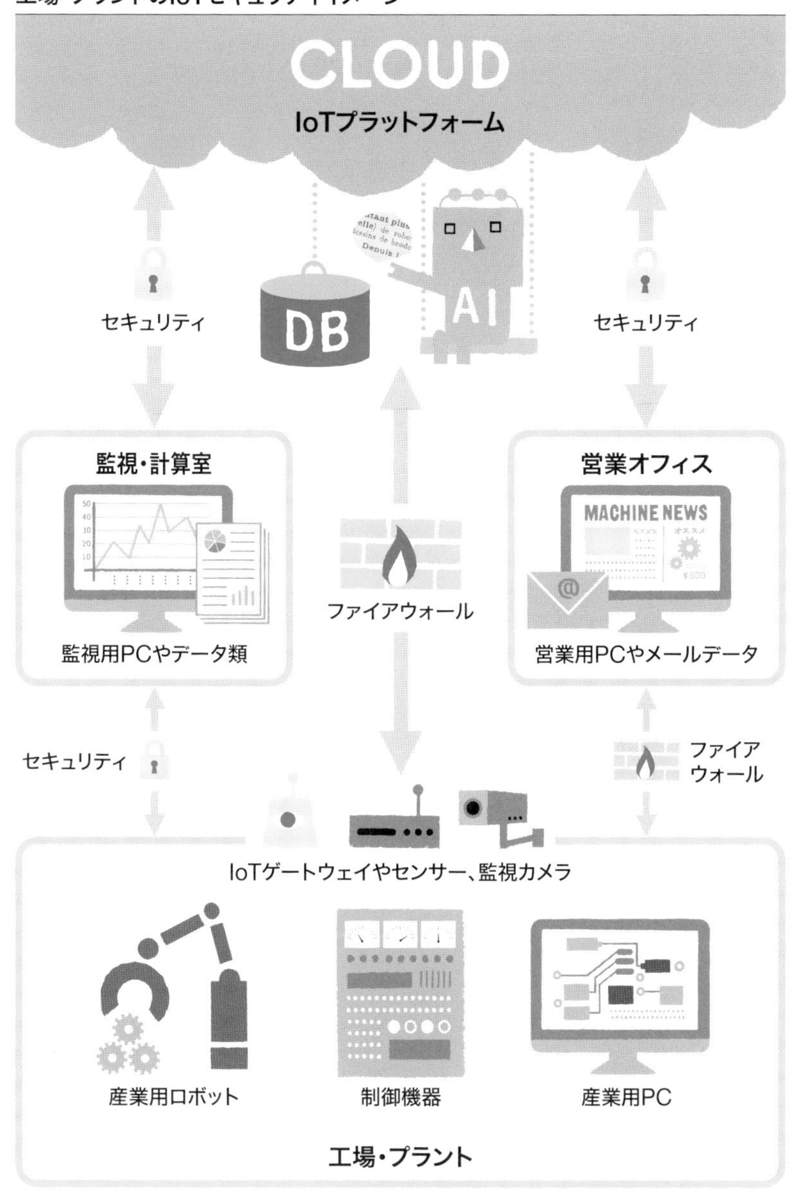

工場やプラントにおけるIoTセキュリティは、工場・プラント内のICT環境の実態とセキュリティリスクの把握を行い、多層防御・検知によるセキュリティ対策の運用・対処を目指す

Chapter 2

14 その他のIoT関連技術

多岐にわたるIoT関連技術

IoTの関連技術は多岐にわたります。たとえば、スマートフォンやタブレットは、情報の中継や画像確認、センサーとしても利用されます。「ビーコン」と呼ばれる信号発信器を利用すると、モノやヒトの位置確認が可能になります。また、近年、急速に普及が進む3Dプリンターを活用したAM（Additive Manufacturing、付加製造）技術で、試作や特急制作が可能になっています。

ヘッドマウントディスプレイやスマートウオッチなど、頭部や腕などに装着するウェアラブルデバイスデバイスを活用して、工場やプラントの従業員の健康データを収集することで、安全・安心を実現している事例もあります。ウェアラブルデバイスデバイスは、VRやARと組み合わせて利用されることもあります。RFID（Radio Frequency Identifier）は、電波を用いてRFタグ（ICタグとも呼ばれる）のデータを非接触で読み書きするシステムです。RFタグにID情報を埋め込み、近距離無線通信で情報のやりとりを行います。小売業などでは精算や棚卸しに、工場や物流、倉庫などでは進捗管理や在庫管理などに、RFIDが活用されています。

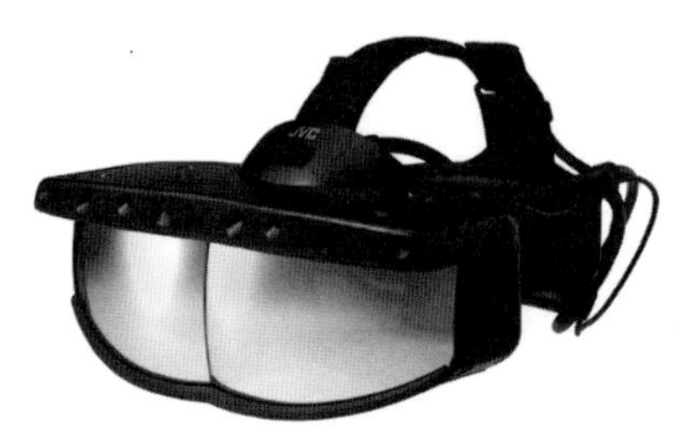

ヘッドマウントディスプレイを活用することで、実際の操作機器を肉眼で確認でき、遠隔操作やトレーニングが行える（画像提供：JVCケンウッド）

シミュレーション技術と小型ボードコンピューター

シミュレーション技術は、フィジカル空間（現実空間）で実験することが難しい場合に、サイバー空間（仮想空間）で再現・模擬する技術です。近年、シミュレーション技術が飛躍的に進歩しており、工場や交通、医療、気象予測など、あらゆる分野で利用されています。シミュレーションが効果を発揮しはじめた背景には、IoTにより精度の高いデータ収集が可能になったことが挙げられます。

従来は、工場の生産計画などにシミュレーションを使ってきましたが、作業の標準時間をベースにしているだけで、作業時間のばらつきなどは考慮されていませんでした。近年では、シミュレーションにAIの強化学習を組み合わせることで、試行錯誤しながら最適な設定や条件を導き出すことが可能になりました。シミュレーション技術は専門領域への適用が中心でしたが、今後は、経済や金融など、幅広い分野の社会システムで利用できる汎用的なシミュレーション技術の進化が期待されています。

小型ボードコンピューター（シングルボードコンピューター）とは、むき出しの基板の上に、コンピューターを動かす際に必要なCPUやメモリを搭載した簡易的な小型コンピューターです。小型ボードコンピューターは、プログラミング学習からセンサーデータの収集、クラウドと連携したIoT技術を使った高レベルな製品の作成など、さまざまな活用法が考えられます。低価格で高性能、さらには軽量感による使いやすさが魅力で、中小企業での現場適用や中堅～大手企業では試作での利用、教育用としての利用などに使用されています。また、市販されているIoTデバイスにも、小型ボードコンピューターをベースにしているものが多数あります。

IoTと相性がよいブロックチェーン技術

ブロックチェーンは、暗号資産（仮想通貨）のコア技術であることから、一般の人にも認知されるようになりました。ブロックチェーンは、暗号技術を使用して情報をチェーン化し、分散公開データ管理でデータを記録する方法です。分散公開データ管理というのは、複数のコンピューターに情報を記録するため、コンピューターのつながりともいえるIoTと非常に相性がよいのです。

なぜ、ブロックチェーンで暗号資産（仮想通貨）が成り立つかというと、中央管理者が存在しなくても情報の管理（改ざん防止）が可能であるためです。このことにより、政府や中央銀行を必要としないグローバルな通貨機能が成り立っています。

セキュリティが担保され、比較的費用が少なく運用できるブロックチェーン技術は、管理者不在の当事者のみで情報管理が成り立つことから、暗号資産（仮想通貨）以外でも、企業間の取引情報の管理やスマートコントラクト（契約）への応用、自動車などのシェアリング情報の管理、病院のカルテ管理、著作権管理など、複数の組織間の情報を管理する場合などで活用可能です。ただし、データ処理にかかる時間が大きいため、リアルタイム性が求められるデータの管理には向かないとされています。

Chapter 3

IoTとAIとの関わり

2000年以降、急速なIoT関連技術の発展により、「ビッグデータ」が収集・蓄積されるようになり、AIが能力を発揮できる環境が整いました。

Chapter 3

01 IoTとAIの関係と役割

AIの挫折と実用化

「AI（人工知能、Artificial Intelligence）」は、「IoT」という言葉が使われはじめる以前の1950年代から存在した言葉です。「人間と同じようなことが機械にできないか」という発想からはじまり、かつては、電卓もAIの一種と考えられていました。

1980年代頃には、さまざまなAIの手法が考えだされていましたが、当時のコンピューターは、AIが学習するために必要な大量のデータを収集・蓄積するのに十分な能力を持っていませんでした。そこで、人間がデータを記述していましたが、これでは、何かをAIに行わせようと学習させるたびに、人間の負担が大きく、時間もかかるため、実用的なレベルになりませんでした。

2000年以降、WebやIoT技術の発展により、日常の生活や業務の中から、「ビッグデータ」と呼ばれる大量のデータが収集・蓄積されるようになり、実用的にAIを活用できるようになりました。つまり、IoTによってデータが収集され、ビッグデータが蓄積・形成されることで、AIが能力を発揮できる環境が整ったのです。その背景には、スマートフォンの普及やネット社会の発展、コンピューターやストレージ技術の進化、センサーや通信コストの低価格化などの要因があることも忘れてはいけません。

AI活用の効果と課題

実際にAIを活用する場合、想定以上に大量の学習用データが必要になります。たとえば、新たな物体を理解するのに、人間であれば数枚の写真を見れば判定できるものでも、AIは100枚程度の画像を学習しても判定できないことがあります。その理由として、過去に学習した比較対象データが少ないこと、特徴的な部分を見つけるのが難しいこと、データの精度が悪いことなどが挙げられます。そのため、AIに学習させるデータをどのように収集するか、データの精度を高めるにはどうしたらよいかを考えることが重要になります。

実社会においてAIを活用するためには、AIの特性を理解する必要があります。AIによる学習結果は他の技術とも共有ができるため、短時間で成果に結びつきやすい傾向があり、他のIoT技術と組み合わせることで効果を生み出すことができます。特に、人海戦術で分析などを実施している業務に効果があり、標準化が進んでいる領域にも効果がある場合があります。

一方、AIでは大量の学習用データが必要であり、失敗例やNGデータを集めるのが困難な場合があります。また、IoTプラットフォームやツールを利用するにしても、人間の対応が必要な部分も多くあります。さらに、AIには「ひらめき」がなく、見たことのないデータには無力です。そして、「結果は正しいかもしれないが、理由・根拠が不明確なため、問題や事故が発生した際の説明責任をどうするか」という課題があります。

一般に、AIは分類や予測に適しています。現代社会で注目されているAI技術ですが、目的によっては、AIを使わずとも、データを統計分析するだけで状況が把握できる場合もあります。

Chapter 3 *02*

ビッグデータ分析とAI活用の手順

ビッグデータ分析

ビッグデータを分析する際は、スモールスタートが重要になります。スモールスタートとは、最初は機能やサービスを限定して小さな規模ではじめ、進捗状況に応じて、徐々に規模を拡大させていくことです。よくある失敗は、「AIは大量のデータが必要だ。ビッグデータは大量の情報だ」という考えから、とにかくデータを集め、「その結果から何かがつかめるだろう」というアプローチ方法です。しかし、このアプローチ方法では、データ分析をはじめた後で必要な条件の集め忘れに気づき、データの集めなおしになることがよくあります。また、仮説を立ててはじめていないため、課題の解決につながりません。

データ学習の観点からAIの利用を分類すると、次の4つに分類されます。

1. すでに学習済みのアプリケーションをそのまま使用
2. すでに学習済みのアプリケーションに、さらに学習データを追加して使用
3. 学習されていないアプリケーションに、新たに学習させて使用
4. どのような学習をさせるかの手法を検討して、新規にアプリケーションを作成

①〜③の場合でも、AI手法の選択 (→P.082) やパラメータの設定 (→P.086) が必要な場合があります。難易度は④が高くなります。

AI活用の手順

AI を活用する手順は、①データ収集、②前処理、③学習、④予測、⑤精度評価の５段階になります。

AIを活用する手順

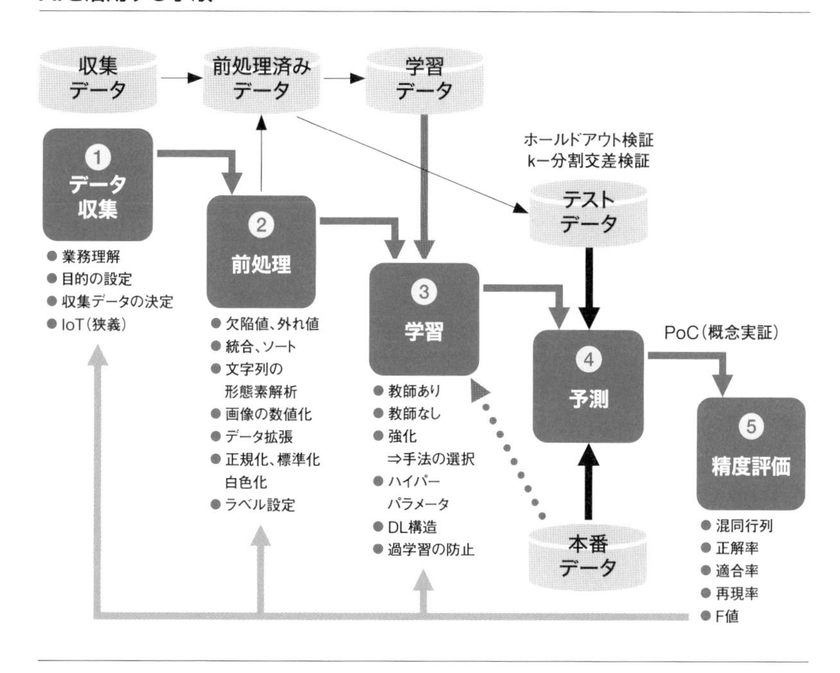

多くの AI はブラックボックスのため、⑤精度評価の段階で正解率が向上しない場合、その原因が明確になりません。正解率が向上しない可能性として、収集データが間違っている、データ量が不足している、データの精度が悪い、前処理がうまくいっていない、手法の選択が間違っている、ハイパーパラメータの調整ができていない、テストデータに問題がある、本番データで条件が変わった、評価の方法が悪いなどが考えられますが、進め方としては試行錯誤しながら検証することが中心になります。

Chapter 3

03

データ分析の前処理の重要性

データ分析の成果につながるデータの前処理

AIのデータ学習で成功の鍵を握っているのは、データの前処理（クレンジングなど）です。データの前処理を適切に実施しないと、AIによるデータ分析は成果につながりません。

「データの前処理」とは、たとえば、欠損値や異常値（外れ値）などを除外することです。RDB（リレーショナルデータベース）のテーブルも、そのままではAIには関連性が理解できないので、結合などが必要になります。回帰分析などでは、相関関係をもった入力データがあると、結果が不安定になることがあります。

センサーデータ、テキスト（自然言語）、画像、動画、音声などの非構造化（非定型）データでは、データの前処理がないと、まったくAIが結果を出せません。非構造化データの前処理はノウハウが確立できていないこともあり、AI手法の選択やチューニング処理と比較して、10倍ほどの手間と時間を要しているという結果もあります。非構造化データは現場固有のデータが多いということがその理由です。必ず、この手法でやればよいという方法論もありません。目的をベースに収集したデータの傾向から、順番に前処理を積み重ねていく場合も多いのが実態です。

データの前処理の手法

「オーグメンテーション」とは、データ量が少ない際に使用するデータ拡張の手法です。データの前処理以外でも利用することがあります。ただし、収集済のデータを強固にするものであり、データの網羅性は向上できないことになります。クラス分類では、データ量を各クラスで均等にする必要があることもあります。その場合、多いほうのクラスのデータを抜き取る「アンダーサンプリング」と、少ないほうのクラスのデータを拡張する「オーグメンテーション」があります。データの種類ごとに必要なデータの前処理は、下表のとおりです。

データの種類ごとに必要な前処理

データの種類	確認ポイント	必要処理
数値データ	データの分布	正規化:学習の前にデータのスケールを調整する方法。各特徴量を0～1の範囲に変換(画像処理に利用することが多い)
	スケールの違い	標準化:特徴量を標準正規分布(平均0、分散1)に変換
	特徴量の関係	白色化:各特徴量を無相関化した上で標準化する
センサーなどの時系列データ	異常値・欠損値、サンプリング周期	異常値の排除、欠損値の補完、サンプリング周期の合わせこみ
テキスト(自然言語)データ	表記ゆれ、略語、長さ	用語の統一・変換、わかち書き、形態素解析
	データ量	オーグメンテーション (データ拡張)
音声データ	雑音の有無、データ量	雑音の除去、フーリエ変換での圧縮、音声水増し
画像データ	データ均一性(画像サイズ、光の当たり方)	サイズや色合いの統一
	必要データの十分性	データ拡張(上下にずらす、左右反転、拡大・縮小、回転、コントラスト変更、切り取り)

Chapter 3

04

AIの学習データとテストデータ

過学習防止のためのテストデータの分離

AIで、学習したデータをそのまま使って評価（正解率の確認）を実施すると、結果はよくなります。AIは、そのデータを事前に学習しているので、正確に予測できるのは当然です。しかし、実際の本番データでは、なかなか正解率が上がらず結果が出ません。これは、学習データを詰め込み過ぎる「過学習（オーバーフィッティング）」と呼ばれる現象です。AIにおいては、過学習をいかに防止するかが重要になります。

過学習を防止する手段として、「ホールドアウト検証（学習データとテストデータの分離）」があります。学習データで学習した後、学習に使用していない客観的なテストデータを利用して評価を行います。通常のテストデータは、全データの20～30%程度を使用します。この手段で重要な点は、偏りがないようにテストデータをランダムに抽出することです。ただし、時系列データの場合は、実際の予測と条件を合わせるため、前半（早い時間）を学習データ、後半（遅い時間）をテストデータとすることが一般的です。

全体のデータが少ない、またはデータのばらつきが大きい場合は、「k-分割交差検証（クロスバリデーション）」と呼ばれる学習データとテストデータを複数回実施する方法を利用します。特に、テストデータがひとつの場合、「リーブワンアウト交差検証」と呼びます。

ホールドアウト検証

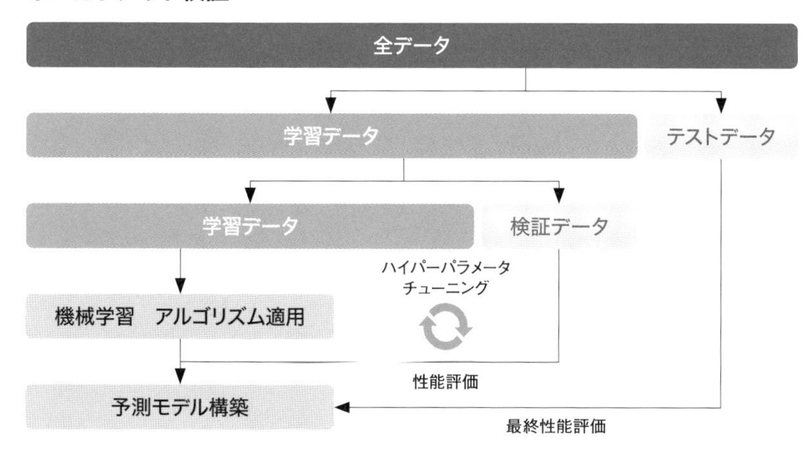

ホールドアウト検証は、すべてのデータセットを任意の割合で学習データ、検証データ、テストデータに分割して検証する方法。学習データはモデルの学習に使用され、検証データは学習データを構築したモデルから誤差を評価するために用い、テストデータはすべての学習過程が終わったタイミングでモデルの汎化性能の評価で用いる

k-分割交差検証

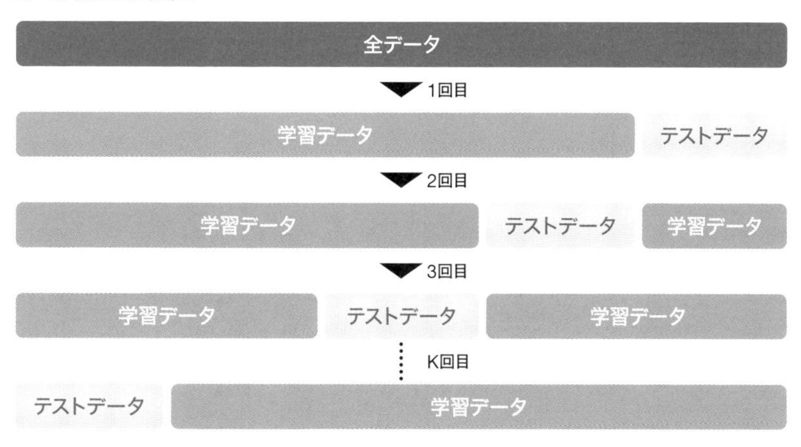

k 分割交差検証は、すべてのデータがテストデータとして利用されるように、学習データとテストデータを k 個に分割して性能評価する方法。一般的に k=10 で指定されることが多い

Chapter 3

05 さまざまなAIの手法

AIの手法

AIの手法としてよく使う用語に、「AI」「機械学習」「ニューラルネットワーク」「ディープラーニング（深層学習）」があります。そして、この4つは、「AI ⊃ 機械学習 ⊃ ニューラルネットワーク ⊃ ディープラーニング」の関係になり、たとえば「AI ⊃ 機械学習」は、「AIは機械学習を含む」を意味します。それぞれの用語の定義は確立されていませんが、本書では、以下を基準として解説を行います。

AIと機械学習、ニューラルネットワーク、ディープラーニングの関係

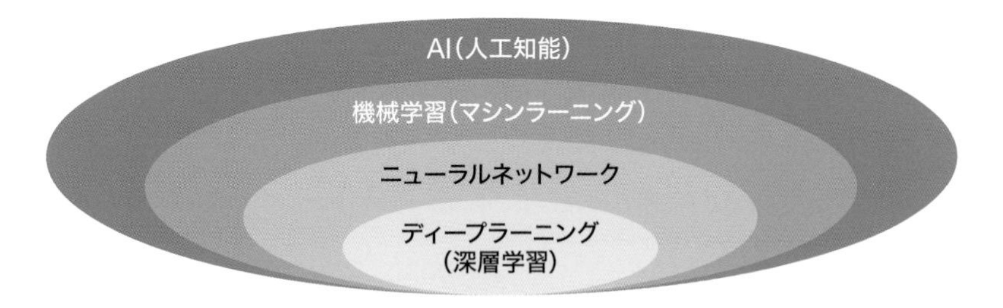

- **AI（人工知能）**：コンピューターに人間と同様の知能や知識を持たせること
- **機械学習**：コンピューターに与えられたデータをもとに、プログラム自身が学習するしくみ
- **ニューラルネットワーク**：コンピューターに人間の脳の神経回路を模倣した構造を構築すること
- **ディープラーニング**：ニューラルネットワークの構造「入力層・中間層（隠れ層）・出力層」のうち、中間層の数を増やすこと

教師なし学習、教師あり学習、強化学習

AIの機械学習には多くの手法がありますが、大きく、「教師なし学習」「教師あり学習」「強化学習」の3つに分類することができます。

教師なし学習は、たとえば、故障データがそれほど多くない場合など、正常時のみでモデルを構築し、その範囲から逸脱したら異常の可能性があるという判断をします。そのため、未知の不良にも適用できる可能性があります。

教師あり学習は、結果に結びついている事例が多数ある一方、教師データのラベル付けを人間が実施する場合、多大な労力を要します。そのため、「自己教師あり学習」という方法で、自ら教師データを自動で作成する方法も取り入れられています。教師あり学習、教師なし学習には、それぞれ次ページのようにさまざまな手法が存在します。

強化学習は、コンピューター空間の中で効果を発揮する場合が多い学習方法で、ブロック崩しゲーム（報酬はゲームの得点）や将棋・囲碁（勝利で報酬）での事例が有名です。しかし、実業務でコンピューター空間以外の強化学習を実施しようとすると、実際に試行できる環境がない、何を報酬にするかが難しい、試行回数が多いとハードウェアが壊れる、途中でハードウェアの摩耗などにより条件が変わるなどの問題でうまくいかないことも多々あります。具体的な例としては、ロボットの歩行距離などを得点（報酬）として試行錯誤させていくと、最適な学習をする前に、ロボットが壊れてしまうというようなことです。

さまざまな教師なし学習、教師あり学習の用途・内容・主な手法・活用例

用途	内容	主な手法	活用例
次元圧縮 (教師なし学習)	データ次元を圧縮	●主成分分析(PCA) ●特異値分解(SVD) ●潜在的ディリクレ配分法(LDA) ●オートエンコーダ(自己符号化器)	●データの軽量化・高速化 ●顔認証 ●商品類似性可視化
クラスタリング (教師なし学習)	データのグループ化	●k平均法(k-means) ●混合正規分布モデル(GMM) ●群平均法	●購買傾向分類 ●データ異常アラート
回帰 (教師あり学習)	数値を予測	●線形回帰 ●ベイズ線形回帰 ●回帰木	●販売予測 ●設備の故障予知
クラス分類 (教師あり学習)	クラスの割り当て	●k近傍法(k-NN) ●ロジスティック回帰 ●SVM(サポートベクトルマシン) ●ニューラルネットワーク(NN) ●決定木(分類木) ●ランダムフォレスト(RF) ●ベイズ推定	●案内状送付 ●有望客判断 ●迷惑メール判定 ●クレジットカード不正利用 ●文字認識 ●画像認識

〈次元圧縮〉

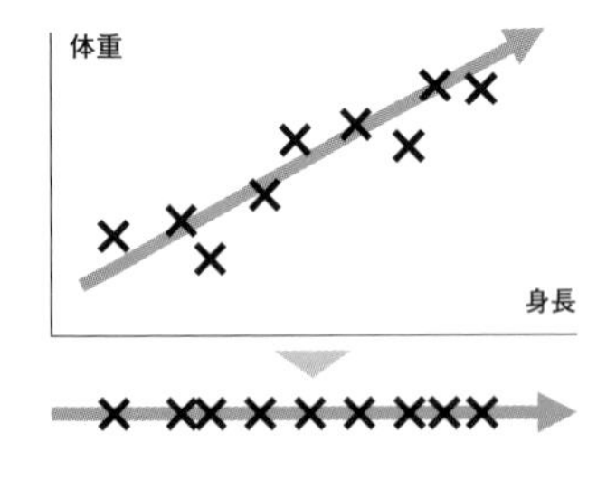

〈クラスタリング〉

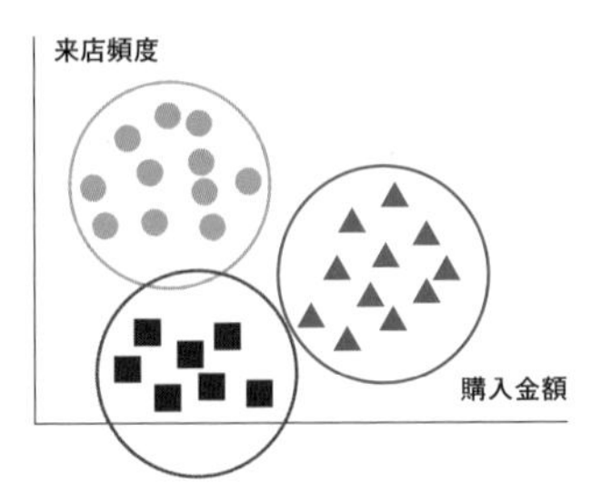

〈線形回帰〉

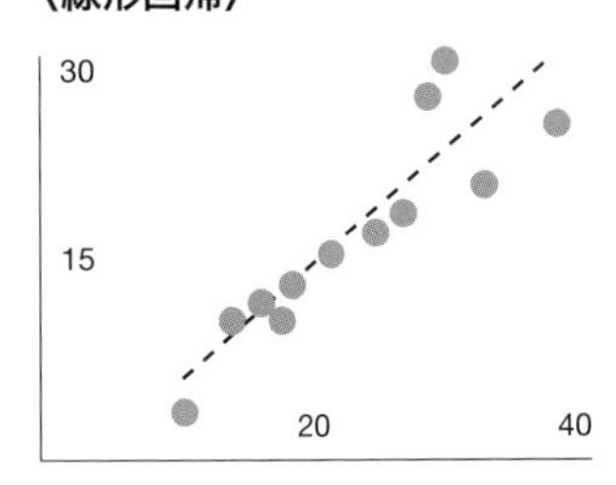

〈クラス分類〉

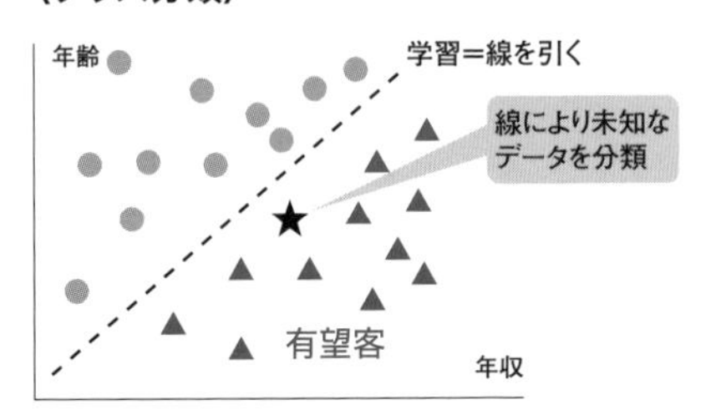

ディープラーニングは何がすごいのか

ディープラーニング以前のAIの技術では、人間が着目点（特徴量）を設定しなければいけなかったのに対し、ディープラーニングでは、パターンを見つけるときの着目点（特徴量）を自ら学習して、データの中から見つけ出してくれます。ディープラーニングを活用することで、膨大なデータをAI自らが学習し、その特徴量を自主的に取得できるようになったのです。また、強化学習とディープラーニングが組み合わさると「深層強化学習」という表現になります。

ディープラーニングによって、機械学習では困難だったセンサーデータ、テキスト（自然言語）、画像、動画、音声などの非構造化（非定型）データの分析が画期的に進みました。チャットボットや翻訳ツール、自動車の自動ブレーキ（衝突被害軽減ブレーキ）なども、ディープラーニング技術がベースにあります。

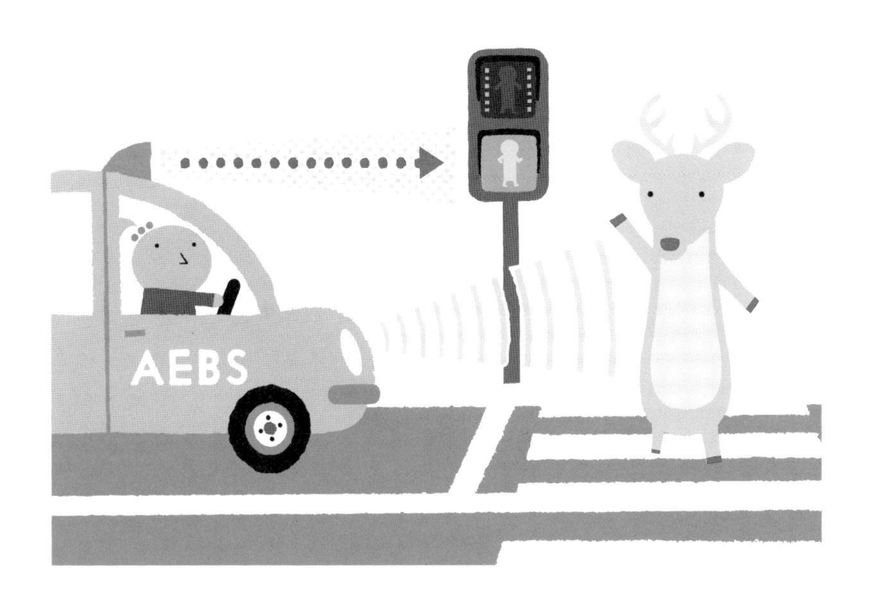

Chapter 3

06

チューニングが必要なハイパーパラメータ

ハイパーパラメータと内部パラメータ

AIに学習をさせる際は、どの手法を選択するかとともに、機械学習のアルゴリズム（問題を解決するための手順や計算方法）の設定となる「ハイパーパラメータ」というものを、人間が手動でチューニングする必要があります。ハイパーパラメータは、AIが内部で調整する重みなどの「パラメータ」と混同しやすいので注意が必要です。

AIに学習をさせる流れとしては、人間によるAI手法の選択にはじまり、①人間によるハイパーパラメータの設定、②AIの起動、③AIがハイパーパラメータに沿って学習データを使用して内部パラメータを調整、④AIがテストデータを使用して確認（評価）（※終了条件になるまで③へ戻る）、⑤AIの実行終了後、人間が評価結果確認（※必要により再び①へ戻る）となります。

AI学習の流れ

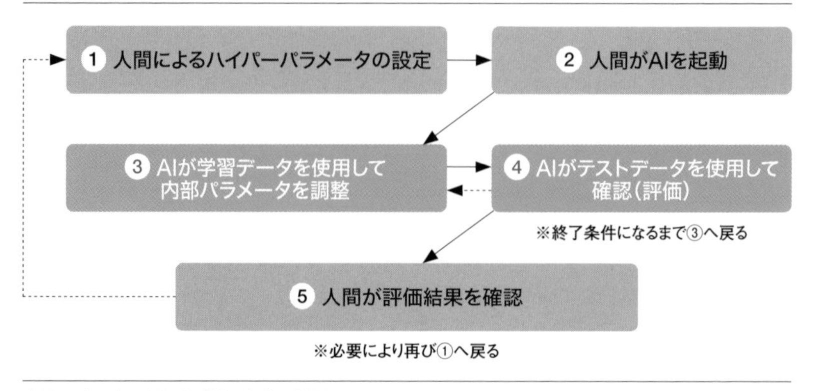

上図の内、色で囲った部分が「AI 学習」

ハイパーパラメータの種類

AIの手法にもよりますが、ハイパーパラメータには下記のようなものがあります。ただし、Python（AIで使用されるプログラミング言語）などでは、関数の引数などでハイパーパラメータを設定しない場合は、標準的な設定の「デフォルト値」で動作することになります。ニューラルネットワークやディープラーニングの構造も、パラメータとは言えないまでも人間が設定しなければいけないものです。また、テストデータの分割方法も一種のハイパーパラメータと呼んでもよいかもしれません。

- クラスタリングでの「クラスター数」
- 回帰分析での「モデル数と次数」
- 決定木での「判定の深さ」
- ロジスティック回帰分析での「正則化の方法」「収束計算方法」
- k近傍法での「近傍オブジェクト数」
- ランダムフォレストでの「木の数」
- 畳み込みニューラルネットワーク（CNN）での「層の組み合わせ」「エポック数」「パディング有無」「バッチサイズ」「フィルターサイズ」「ドロップアウト率」など

人間が設定するハイパーパラメータを極力少なくしようとするのが現在の方向性です。ハイパーパラメータの自動最適化ツールも次々に発表されています。NAS（Neural Architecture Search）はニューラルネットワークの構造自体を自動最適化してくれます。ただし、ハイパーパラメータの自動化の流れは、ブラックボックス化の方向でもあり、デメリットにもなります。

Chapter 3

07 AI学習結果の評価方法

損失関数(誤差)

AIの学習結果の評価は「損失関数」で求めます。損失関数は「誤差」であり、予測と正解（教師データ）との乖離を表します。結果的に、損失（誤差）とは、モデルのあてはまり（精度）の悪さを意味することになります。つまり、AIの学習の目的は、人間がチューニングするハイパーパラメータの設定でも、AIの内部で調整するパラメータ（重み）でも、誤差（損失）を最小にすることになります。ただし、クラス分類の場合、正解率と損失関数（誤差）は、ほぼ反比例の関係になるため、人間が確認する場合は正解率の方が理解しやすいと思います。

主な損失関数

回帰	クラス分類
二乗誤差 (正解値と予測値の差を二乗する)	交差エントロピー誤差
総和を全体数で割ると、 平均二乗誤差という	分類の不適合を表したもの

「回帰」「クラス分類」いずれの損失関数も、予測と正解値が完全に一致していると「0」になる

混同行列（分割表）

人間による最終的な評価では、「混同行列（分割表）」を使用することが多くなっています。通常、損失（誤差）が0（正解率100%）になることはなく、たとえば、合格を不合格と判断してしまう偽陰性、不合格を合格と判断してしまう偽陽性が残ります。製造業の出荷検査に当てはめると、顧客に迷惑がかかり信用失墜となる偽陽性を極力0に近づけ、コスト負担が可能なレベルで偽陰性をパラメータなどで調整します。偽陰性は人手による再検査などを行う方法が取られることも多くなります。

混同行列（分割表）

	予測（合格）	予測（不合格）	合計
正解（合格）	真陽性TP (True Positive)	偽陰性FN (False Negative)	TP+FN
正解（不合格）	偽陽性FP (False Positive)	真陰性TN (True Negative)	FP+TN
合計	TP+FP	FN+TN	TP+FP+FN+TN

上の混同行列（分割表）から、正解率、適合率、再現率、F値は、以下の数式で求めることができる
・正解率（正確度）：(TP + TN) ／ (TP + FP + FN + TN)
・適合率（精度）：(TP) ／ (TP + FP)
・再現率（検出率）：(TP) ／ (TP + FN)
・F値（F-Score）：（2×適合率×再現率）／（適合率＋再現率）
※F値は、適合率（精度）と再現率（検出率）の調和平均をとったもの

また、過学習（オーバーフィッティング）が発生していないかを確認する必要もあります。学習の時間軸「イテレーション（内部パラメータ〈重み〉を何度更新したか）」を横軸に、「誤差」を縦軸に設定したグラフで傾向を見ることもあります。

たとえば、下のサンプルグラフでは、学習データでの誤差である「訓練誤差」とテストデータの誤差である「汎化誤差」をグラフに表すと、訓練誤差は下がっているものの、ある時間を経過してから汎化誤差が大きくなっているため、過学習が発生していることがわかります。過学習の発生前に学習停止するようにイテレーションの回数を調整するか、テストデータの誤差（汎化誤差）が上がりはじめたら学習を停止する機能を設定する必要があります。

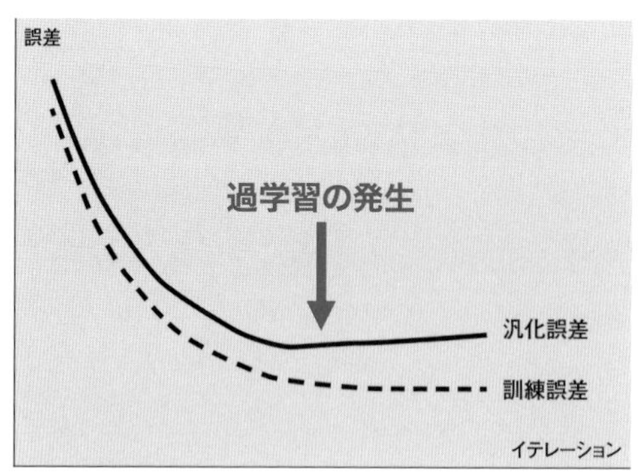

学習の時間軸「イテレーション」を横軸に、「誤差」を縦軸に設定したグラフで、「訓練誤差」と「汎化誤差」の傾向を見ることができる（著者作成）

AIの品質評価

AIの評価方法は、損失関数や正解率などの最終結果のみでいいのでしょうか。AIはブラックボックスのため、結果の理由や根拠を説明してくれないという課題がありますが、それでは実業務での推進が場当たり的になってしまいます。そのため、AIの品質を客観的に評価することも重要になります。AIを適用する際は、客観的に見て問題がないか、事前にチェックすることも可能です。

AIの品質評価方法

項目	内容	発生する問題
目的の明確性	目的を明確にし、解決したい課題や入力データの範囲の明確化	AI自身が目的化してしまい、課題解決ができず、成果がでない際の方向修正ができない
データ設計の十分性	学習データやテストデータが十分であること	結果の精度が低下する
データセットの網羅性(被覆性)	各条件の組み合わせに対し、データが収集できていること	稀な条件があるとテストができず、本番稼働で問題が発生する
テストデータの均一性	学習データとテストデータがランダムであること	一時的に良い結果がでるが、本番稼働で問題が発生する
機械学習モデルの正確性	損失関数や正解率に相当する評価項目が妥当であること	目的と一致していないと、成果に結びつかない
機械学習モデルの安定性	テストデータにないデータを入力した際に問題がないこと	信頼性が確保できず、リスクが増大
プログラムの健全性	関連するソフトウェアの品質に問題がないこと	前処理プログラムに問題があるなどの場合、精度が向上しない
実行の効率性	学習および判定は、常に一定時間であること	目的に合った性能がでないと、実際に使えない
運用時品質の維持性	本番環境においても継続的に品質が維持されること(必要な学習を継続していること)	条件が変わった際に対応ができない
リスク回避性	AIが不良を検知できない場合(誤判断)でも、安全に影響する事態にはならないこと	最悪のリスクを想定した対応を考えておかないと、安全などの問題が発生
使用性	ユーザーにとって使い勝手がよいこと	ユーザーが使いづらいと、実際に現場で使ってもらえない
保守性	パラメータの変更や問題発生時の解決が容易で、長期的な観点での保守・運用を考慮すること	長期的に使用できなくなる

Chapter 3

08

非構造化データ分析のポイント

非構造化データとは？

一般に、金融や卸売・小売、飲食・サービスなどの業界で扱うデータは、エクセルなどで処理できる構造化された「構造化データ（定型的データ、定型データ）」が多く、そのAI処理は比較的容易です。一方、IoTでは、画像や動画、音声、言語などの「非構造化データ（非定型データ）」と呼ばれるデータを扱う必要があります。非構造化データには、センサーデータなどの時系列データが含まれる場合があります。製造業でも、サプライチェーンやエンジニアリングチェーンをつなぐだけのケースでは、構造化データが多い場合もありますが、プラントや工場の現場では、非構造化データが多く活用されています。そして、非構造化データをAIに分析させるためには、データの前処理が重要になります。

構造化データと非構造化データ

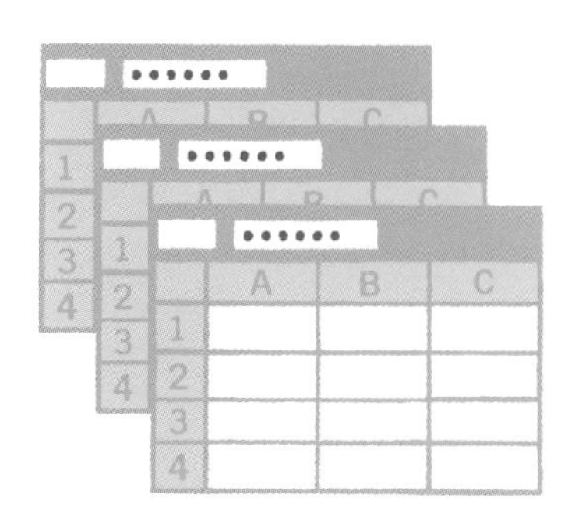

〈構造化データ〉
- 値は数値、記号で表現される
- 「列」と「行」の概念を持つ

〈非構造化データ〉
- テーブル形式で整理されていない画像、動画、音声データなど

非構造化データの分析の難しさ

非構造化データの前処理を主体的に実施するのは、異常の判断ができる業務を理解している担当者になります。非構造化データの前処理は、情報システム部門やデータサイエンティスト、ICTベンダーでも、実施したことがない場合があります。そのため、現時点では、専門のシステム企業や大学の研究室などと共同で対応することが多くなっています。

非構造化データを分析する際には、①「見える化」の困難性、②データの精度に関連する判断の難しさ、③結果の解釈の困難性に注意が必要です。構造化データであれば、精度や傾向なども容易に判断できますが、非構造化データはグラフ化することも容易ではないため、「見える化」が困難になります。AIは精度の高いデータが大量に必要となります。そのデータが構造化データであれば、どの程度のデータが必要か、データの精度が上がったかの判断が比較的容易ですが、非構造化データでは判断ができない場合があります。さらに、非構造化データの分析には、ディープラーニングを利用することも多く、結果の解釈（理由や根拠）が困難になります。

非構造化データでは、それぞれの関係性を意識しないと学習の精度は上がりません。たとえば、画像になっている文章の読み取りの場合、最初に画像認識のAIが動作して文字部分を抽出し、次に文字認識を行います。しかし、文字認識だけでは精度が向上しないため、文章の前後関係の意味から文字を類推する自然言語処理を動作させます。また、音声認識、動画認識、自然言語処理では、時系列データの処理（RNN、Recurrent Neural Network）が伴います。つまり、画像の時系列データが動画であり、会話などの音声や自然言語処理も時系列の処理につながります。

Chapter 3

09

時系列データ分析と応用分野

時系列データ

私たちが業務で使用しているデータには、時系列を意識して分析をしないとAIの精度が向上しない場合が多数あります。テキストデータにある文章の意味を理解することが、その典型です。ほかにも、時系列データには、音声、動画、センサーデータなどがあります。

数値データには、平均とばらつきを表す標準偏差がありますが、異常値などの判定する場合は、直近のデータを重要視して平均や標準偏差を算出する必要があります。このような算出方法に「指数加重移動平均」「指数加重移動標準偏差」があります。この2つのデータをもとに、光センサーデータを時系列で収集して、3σ（標準偏差×3）で異常値判定を行い、グラフ化したものが下図になります。

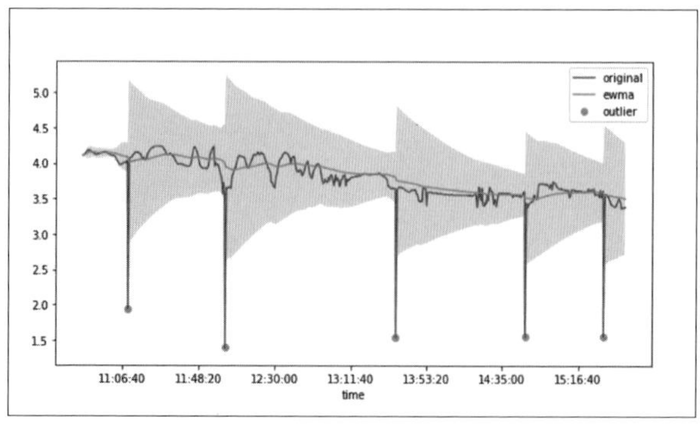

「指数加重移動平均」「指数加重移動標準偏差」をもとに、異常値判定を行いグラフ化（著者作成）

再帰型ニューラルネットワーク

再帰型ニューラルネットワーク(RNN、Recurrent Neural Network)とは、隠れ層に戻り値がある、音声の波形、動画、文章(単語列)などの時系列データを扱うニューラルネットワークです。

RNNの勾配消失問題を対策したLSTM(Long Short-Term Memory)も利用されており、時系列データの長期依存が学習可能となり、文章や対話の生成(次の単語の予測)や、音声認識(次の音素の予測)もできるようになりました。時系列データの応用分野は、テキスト分析、翻訳、音声、映像、異常検知、販売予測、株価予測など、多岐にわたります。

時系列データの応用分野

分野	入力データ	出力情報
テキスト分析	テキストデータ	タグ付け、意味理解、概要まとめ、意思決定、感情把握
翻訳	任意の言語列(例:英語文書)	任意の言語列(例:日本語文書)
音声	音声データ(スペクトルデータ)	文字列、意味理解、概要まとめ、意思決定、感情把握
映像	画像系列(動画)	動作の検出、顔分析(感情、ポーズ、瞳の状況など)、顔認識(同一人物かの可能性)、人物の動きの追跡、節度判定
異常検知	センサーデータ(音、振動、電流など)	異常判定(確度)、処理方法
販売予測	売上、入場者など	売上予測、来店者、仕入れ量決定、勤務シフト
株価予測	株価、景気、企業情報など	株価、意思決定

Chapter 3

10

AIによる画像処理技術の進展

自動運転が進化させた画像処理技術

非構造化データ分析に適したディープラーニング技術の利用により、画像認識は画期的な進歩を遂げ、「コンピューターが目を持った」と表現されることさえあります。画像処理技術が進化したことで、顔認証によるセキュリティの確保や製造業における製品の外観検査など、社会や産業のしくみが変わりつつあります。

画像処理では、入力情報であるデータを単純に処理してしまうと認識ができないため、縦と横の関係や重要な部分を認識する「畳み込み」や「プーリング」という処理を繰り返し、物体認識などを行います。この処理は「畳み込みニューラルネットワーク（CNN、Convolutional Neural Network）」と表現されます。また、顔認証などでは、次元圧縮技術のひとつである「主成分分析（PCA）」もよく利用されます。画像処理技術を進化させた大きな要因のひとつに自動運転車のニーズの大きさが挙げられます。

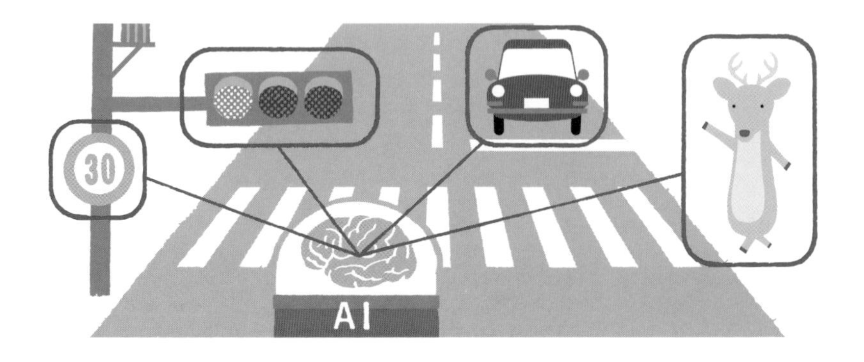

画像処理分析の実践

実際の業務で画像分析を実施すると、うまく処理できないケースも発生します。精度が高い画像分析を求められる場合には、カメラの性能が重要になります。また、金属製品の外観検査では、光の反射で傷を見逃すこともあります。このような場合、カメラの位置をずらしたり、光の位置をずらしたりして、複数のアングルからの撮影が必要になります。実際の業務で画像分析を行う場合には、このようなノウハウの習得も重要です。

顔認識の応用として「表情分析（表情把握）」があります。昨今は、リモートでの業務が一般化しているため、表情分析（表情把握）も重要な技術になります。顔認識技術を活用して人物を特定することで、認証、防犯、決済、VIP顧客の入店認識なども可能になりました。また、OCRにAI技術を組み合わせる「AI-OCR」により、文字認識も精度が上がってきました。

「敵対的生成ネットワーク（GAN、Generative Adversarial Networks）」では、生成ネットワークは識別ネットワークを欺くように学習させ、識別ネットワークは生成ネットワークの結果を正確に識別するように学習させ、2つを競わせることで精度を高めていきます。GANにより、実際の画像や動画とAIで創作したものの区別が、人間の目では、できなくなってきています。GANのような技術の出現により、映画などの動画作成などもAIで自律化していきます。

Chapter 3

11

AIによる自然言語処理の実態

自然言語処理とは

「自然言語処理（NLP、Natural Language Processing）」とは、人間が使っている言葉（自然言語）をAIに学習させてコンピューターで処理することです。自然言語処理が難しいのは、元データがコンピューターの処理可能な数値データではない点です。従って、自然言語処理では、言葉を数値として扱えるようにして、コンピューターに理解・処理させる必要があります。機械学習における自然言語処理の成否は、「どのように数値化するか」によります。うまく数値化できれば、他のデータと同様の手法での活用が可能になります。

自然言語処理技術の重要なポイントは、単なる自動化だけでなく、たとえば、「ベテランのエンジニアが、文書のどこの情報から何を理解し、どのような判断をしているか」を分析できるような、人材育成につながる目的を設定することです。特に、業務で残っている文書（設計書、会議録など）には、最終的な判断結果は残っているものの、「なぜ、そうしたか」の重要な要素が欠落しているケースが多く、実践的に活用できない文書も多数あります。

自然言語処理に関する多数の手法や技術が考案されていますが、主なものとして、「知識型（ベースは人間が定義、ルールベース、オントロジー）」「単語型（TF-IDF：頻度などにより文書中の単語の重要度を評価、Word2vec：大規模辞書から特徴抽出）」「文脈型（LSTM：ニューラルネットワーク、Transformer：文書の事前学習から転移学習、計算リソースが膨大）」などがあります。

日本語の自然言語処理の難しさ

自然言語処理においては、日本語特有の処理も多く、基盤技術としては、「形態素解析（言語で意味のある最小単位の形態素に分割し、その形態素の品詞を判定する方法）」「構文解析（主語や修飾語など、形態素間の構文的関係を解析）」「含意関係解析（文の間の含意関係を解析）」「意味解析」「文脈解析」があります。また、現在の一般的な日本語での自然言語処理は、①形態素解析、②データクレンジング（不要な文字列の削除）、③ベクトル化（BoW〈Bag-of-Words〉などによりベクトル形式に変換）、④ TF-IDF（頻度解析）などによる単語の重要度評価という流れになります。

日本語と英語では自然言語処理に対する考え方の違いが大きく、日本語独自で前処理を含めた方式を考えなければいけません。しかし、英語との比較において、日本語のほうがあらゆる面で難易度が高く、実社会で実績がでている英語での自然言語処理の運用も、日本語ではうまくいっていないのが実態です。

日本語と英語の比較

項目	日本語	英語
構成	ひらがな、カタカナ、漢字、数字、アルファベットが混在	**基本はアルファベットと数字**
書き方	縦書き、横書きが混在	**基本は横書き**
単語	名詞＋助詞などで意味をつくる（わたしは、わたしが）	**通常単語は分かれている（I am）**
区切り	切れ目が少ない、 または読点で区切る （わたしはあなたの先生です） （私は、あなたの先生です）	**単語一つひとつが分かれている（I am your teacher.）**
文章	結論が後、曖昧	**結論が先、明瞭**

Chapter 3

12 AIによる音声処理の応用

人間の声の分析技術

音声処理技術の進化により、AIスピーカーや人間の声のテキスト化（文章化）などが可能になりました。人間の声の分析は、音響解析と言語解析で成り立っています。人間の声を音響解析だけでテキスト変換することは限界があり、最終的には、意味を理解しながら文書化する言語解析が必要になります。私たちは、文章の前後関係や相手との関係から、「このようなことを話すだろう」という前提をもとに理解をしていますが、同様の処理をAIによる音声認識でも実施しています。言語解析では、再帰型ニューラルネットワーク（RNN）とLSTMの時系列データ分析技術が使用されます。

また、AIによるディープラーニング技術で、音声を作成することも可能になりました。人間の音声を人工的につくりだすことを「音声合成」と呼びます。歌声なども、AIが作成した音とは気づかないレベルになっており、人の顔や体格に合わせた声を作成することも可能です。

会議録や打合せの議事録作成などに応用される技術として、「話者区別」と「話者特定」があります。話者区別は、話者をAさん、Bさんと区別する方法です。話者特定は、参加者の声を事前登録したり、自己紹介などで識別したりして、具体的な名前（佐藤さん、田中さんなど）で区別する方法です。また、複数マイクからの時差で話者特定（場所特定）をする方法などもあります。

音声認識の用途としては、議事録作成や会議の質向上、会議後の確認（要点の共有、決定事項の確認）、ポジネガ分析（離職可能性検出など）、レポート（報告）、コールセンターなどの負担軽減や質向上、マニュアル作成、会話の可視化（重要情報の検出、営業会話の分析）、ハラスメントの可能性検出などが挙げられます。

音響分析の応用

設備における音響分析技術は、設備や製品などの故障予知分野などに使われています。工場では、機械設備の故障予兆を早く見つけることで、生産の停止や不良品の発生を防ぐことが可能になります。

音響処理の重要な部分は雑音除去です。一般的に、定常的なノイズ（車、他の人の会話、BGMなど）は除去可能ですが、工場などでは、ターゲットとなる設備以外に雑音を発するものが多数あり、異常音を検知するために、前処理で異常音を判別するしくみづくりも重要になります。プログラミング言語のPythonを利用して、下図のような音声分析をグラフ化することも可能です。

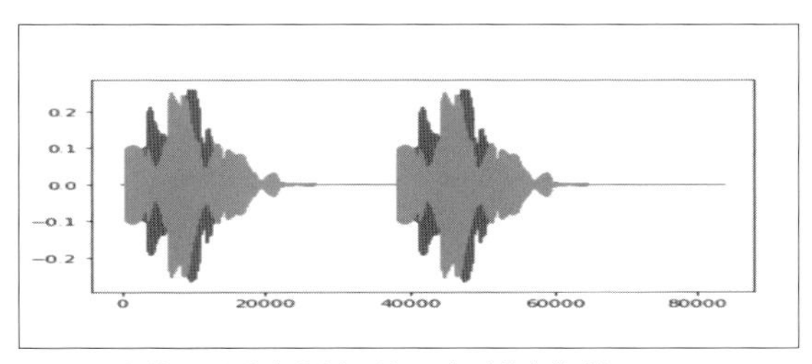

Pythonを利用した音声分析のグラフ化（著者作成）

Chapter 3

13 AIの開発環境の実態

Pythonの特徴

Python（パイソン）は、データ分析や機械学習のための言語として幅広く活用されているプログラミング言語で、以下の特徴があります。

- オープンソースの汎用プログラミング言語
- さまざまなOS上で動作可能
- 文法が単純で、可読性に優れている
- インタプリタ型のため、プログラムをすぐに実行できる
- C言語に比べ、実行速度は遅い
- データ分析（機械学習や人工知能）などのライブラリーが豊富
- オブジェクト指向型

Pythonは、ライブラリーで機械学習などを容易に実施することが可能です。以下は、Pythonで利用可能な主なライブラリーです。

- numpy（ナムパイ）：AIで使用する行列計算をはじめ、数学関連の機能
- scipy（サイパイ）：統計処理などの科学技術計算機能
- matplotlib（マットプロットリブ）：グラフ描画機能
- pandas（パンダス）：データの高速処理機能
- scikit-learn（サイキットラーン）：機械学習に関する機能
- PypeR（パイパー）：PythonからR言語を呼び出す機能

TensorFlow（テンソルフロー）は、ニューラルネットワークやディープラーニングの分野で活用される Google が開発したオープンソースソフトウェアです。Python では、TensorFlow などのフレームワークも利用可能です。フレームワークとは、すでに作成されたひな型を利用してディープラーニングなどを構築するため、容易に開発が可能です。

Python は、Anaconda や Jupyter Notebook と呼ばれるツールをパソコンにインストールして利用するものや、クラウドで利用する形態のものがあります。特に、クラウドで利用する形態の Google Colaboratory（略称：Colab）は、環境構築やセットアップは不要で、Google アカウントさえあれば、無料で Jupyter Notebook 環境が利用できるため、急速に利用者が増加しています。また、実際にプログラミング言語を使わなくても GUI（Graphical User Interface）で AI の開発が可能な MatrixFlow や RapidMiner などの多数のツールも利用可能です。これらのツールでは、高度なプログラミング技術がなくても AI の開発が実施できます。

Python 以外にも「Julia（ジュリア）」と呼ばれるオープンソースの言語があります。まだ、Python ほどライブラリーが充実していませんが、処理スピードが速いという特徴があります。

非構造化データの学習と判定

一般のパソコンに非構造化データを学習させようとすると、性能的にプロセッサやメモリ容量が不足して、処理ができないケースが多くあります。個人が学習用に使用する画素数が少ない画像などは、個人のパソコンでも数分で処理できますが、実画像はデータ量が大きく、個人のパソコンでは実用的に使用できない場合があります。

AIの開発環境を検討する重要なポイントは、「学習をする場合」と「学習結果をもとに判定する場合」の区分です。一般のパソコンで処理が困難な場合があるのは「学習をする場合」です。「学習結果をもとに判定する場合」は、それほどコンピューターリソースは必要ないため、一般のパソコンや制御装置内部でも判定が可能です。

「学習をする場合」、AIの開発環境にクラウド環境を利用するのが第1の方法です。クラウドは、高性能なコンピューターを複数利用しているので、大量のデータ学習には適しています。しかし、クラウドでのセキュリティの制約やデータ通信の制限がある場合は、少し高価にはなりますが、自組織においてGPUなどを搭載した専用のコンピューターなどを用意する方法もあります。

IoTシステム内におけるAIの環境

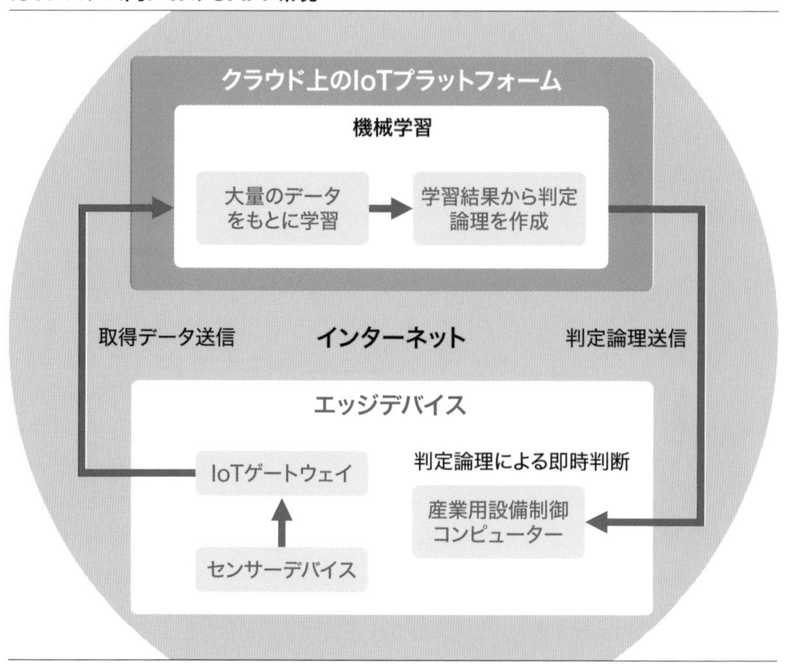

クラウド上のIoTプラットフォーム環境を活用したAIの機械学習方法のイメージ

AI開発ツールとICTベンダーへの委託

自社でAIを内製する際のポイントは、ICTベンダーに依存しない汎用的なツールを使うことです。ICTベンダーの推奨する標準化が進んでいないツールを安易に採用すると、乗り換えができず、いわゆる「ベンダーロックイン」の状態になります。AIの開発前には、業務課題の洗い出し（課題抽出）と要件定義が必要となりますが、AIを誰が開発するかにかかわらず、課題抽出と要件定義はユーザー側で作成すべきです。自社には開発ノウハウがなく、ICTベンダーに開発を依頼する場合も、AI開発後、社内で保守ができるように、課題抽出と要件定義を自社内で実施してから、ICTベンダーに発注することが重要です。

ICTベンダーによるAI開発でもフレームワークは使うため、今後の保守を考えると、GUI（Graphical User Interface、グラフィカルユーザーインターフェース）のほうがよい場合もあります。GUIとは、コンピューターの情報の提示に画像や図形を多用して、基礎的な操作の大半をマウスやタッチスクリーンなどで行うことができるものです。一方、GUIは現状のAI手法をベースにつくられているため、新たな手法が登場した場合、即時対応できません。また、パターン化された内容の開発は可能ですが、柔軟なつくりには対応できず、新たなことを実施しようとすると限界があります。

AI開発を計画する場合、実施したい内容の難易度を考慮して、最初は自部門での開発を考え、困難な場合は社内のシステム部門と相談して社内での開発、それでも難しそうな場合に、はじめて外部委託を検討するという考え方が必要です。外部委託する場合も、ノウハウを社内に取り込み、保守も社内でできるように考える必要があります。ICTベンダーへの依存を極力少なくすることが重要です。

Chapter 3

14 AI利用の注意事項

AIの落とし穴

AIを活用する上では、多数の落とし穴が存在します。まず、AIはブラックボックス的要素が強いため、信頼性の評価が困難になることがあります。AIによる分析結果は、その理由や根拠が明確にならないという課題があり、AIによる分析結果をもとに改善を進めようと思っても、関係者が納得してくれないことがあります。信頼性に関しては、経済産業省から「AI活用のガイドライン」が発行されています。

また、人間には簡単な判断が、AIにはできないことが多くあります。たとえば、文書解析において、同じ意味で使っている異なる用語をAIは異なる用語と解釈してしまう、1文字誤植をしただけで学習ができないなどです。他にも、AIは範囲を決定することや関係することだけを選び出すことが苦手、すべての問題に対して万能なアルゴリズムは存在しない、データの次元（内部パラメータ）が増えるとさまざまな不具合が生じるなどが挙げられます。

AIができないこと、苦手なこと

- ゼロから新しいものを生み出す
- 言葉の意味や意図を解釈する
- 人の気持ちを汲み取る

相関関係と因果関係

下のグラフは「気温」と「ビールの売上」の関係を表したものだと説明をすれば納得する人は多いでしょう。

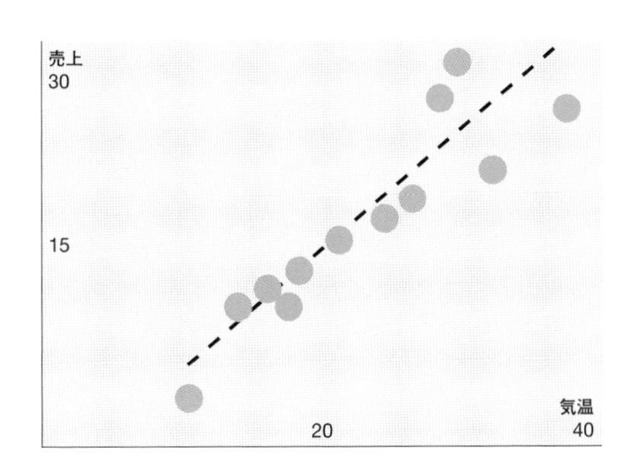

通常、データ分析を実施するステップは、①元データでの確認、②見える化（散布図表示）、③相関関係の分析の３段階になります。相関関係には、①正の相関（xが増加するとyも増加する傾向にある場合）、②負の相関（xが増加するとyが減少する傾向にある場合）、③完全相関（相関係数が１または－１の場合）、④無相関（相関係数が０の場合）があり、相関係数が0.7を超えると強い相関、0.4～0.7は中程度の相関、0.2～0.4は弱い相関、0～0.2はほとんど相関がないとされます。上のグラフの相関係数は0.896となるため、「気温」と「ビールの売上」には、強い相関関係があることがわかります。

しかし、相関関係があるだけでは、因果関係があるとは断定できず、因果関係の前提に過ぎません。因果関係が成立するためには、①相関関係がある、②時間的順序が成立する、③第３の要因は存在しないという３つの条件があてはまる必要があります。

「気温が高ければ、ビールが売れるというのは常識的にわかるだろう」という意見が返ってきそうなところですが、気温が上がると、昼間にアイスクリームが売れ、夜にビールが売れます。このとき、アイスクリームが売れるのと、ビールが売れるのは、前述の①②の関係が成立します。しかし、第3の要因である「気温」が存在しているため、③は成り立たなくなります。従って、「アイスの売上」と「ビールの売上」には因果関係は成り立たなくなります。つまり、ビールを売るためにアイスクリームを売ろうとは思わないわけです。この例では、明らかに「気温」という第3の要因が存在することもわかりますし、「気温とアイスクリーム」「気温とビール」の売り上げには、因果関係があることも常識的にわかると思います。

このことを、ある専門領域に当てはめるとどうでしょうか。集められたデータを解析して、相関関係があることは、データサイエンティストなどデータ分析の担当者であれば容易にわかるでしょう。しかし、因果関係があることはその領域の専門家でしか判断（説明）はできません。重要なポイントは、第3の要因が存在しないことは証明ができないということです。AIによる分析や予測は、データをもとに相関関係から判断したに過ぎず、因果関係があることを説明しないといけないのは、業務の担当者の役割です。データ分析だけでは結論が出せないということにもなります。

Chapter 4

広がる IoTの利用シーン

私たちに最も身近な家庭内の生活シーンから、製造、流通、医療・介護など、さまざまな業種や場面で、IoT の利用が広がっています。

Chapter 4

01

生活を便利にする家庭内のIoT利用

IoTを活用した新しい生活スタイル「スマートライフ」

私たちの日常生活もIoTで大きく変わろうとしています。日々のスケジュールがデジタルで管理され、たとえば、通勤・通学のための起床時間や列車の時間もスマートフォンで通知することができます。この日常生活の一つひとつがビッグデータ化され、それをAIが学習することで、個人個人に最適な生活スタイルを提案してくれます。このように、IoTとその関連技術を活用した新しい生活スタイルを「スマートライフ」と呼びます。

生活スタイルのスマート化を考える上で重要なポイントは、ユーザー視点に立つことです。たとえば、高齢者にこのような生活（スマートライフ）を適用してしまうと、逆に外出せず、人と会わなくなるなどにより、健康や人生の価値に問題が生じる恐れがあります。高齢者には単なる自動化ではなく、VR（仮想現実）やAR（拡張現実）などの先端技術も活用しながら、家族が離れていても一体感が生まれるようなしくみづくりなどが求められます。

IoTを活用して生活の利便性を高める「スマートホーム」

近年は、あらゆる家電製品がIoT化され、それらは「スマート家電」と呼ばれています。代表的なものとして、高齢者の利用状況を通知する「見守り機能」を付けた電気ポットや、部屋の掃除を最適に実施するロボット掃除機、おすすめレシピやカロリー計算、栄養採取状況確認、遠隔からの在庫確認など、さまざまな機能が搭載されたスマート冷蔵庫など、ほとんどの家電製品がスマート化されていると言ってもよい状況です。このように、IoTを活用して生活の利便性を高める「スマートホーム」が、日々進化しています。

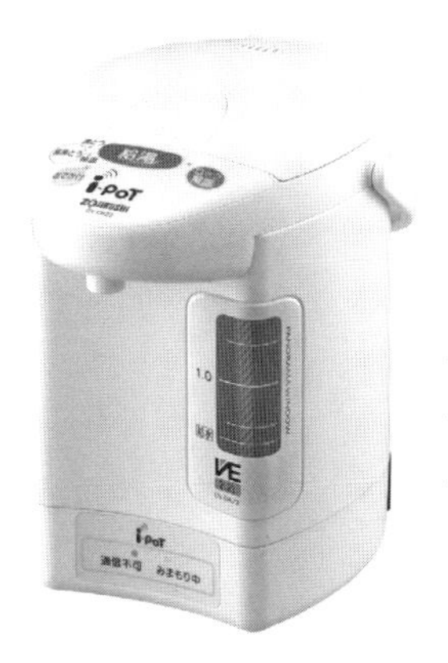

無線通信機を内蔵した電気ポット「iポット」を使った「みまもりほっとラインサービス」で、離れて暮らす高齢者を見守ることができる（画像提供：象印マホービン）

シャープのスマート冷蔵庫には、無線LAN経由でアプリと接続し、レシピの提案やさまざまな情報を音声や画面で案内したり、使うほどに家族の嗜好や利用状況をAIが学習し、より利用者に適した情報を提案したりしてくれる機種がある（シャープウェブサイトより）

いろいろな「モノ」や「コト」とつながる

また、家庭が店舗や宅配サービスなど、いろいろな「モノ」や「コト」とつながることで、孤独を意識させず、人とのつながりを感じることができるさまざまなサービスも誕生しています。

米や飲料、コピー用紙、掃除用品など、日用必需品を自動注文するIoTサービス「スマートマットライト」は、IoT重量計「スマートマット」に自動注文する商品を置くだけで、商品残量を自動計測し、少なくなったらAmazonに自動再注文する（画像提供：スマートショッピング）

一方、つながることはパーソナル情報を扱うことになるため、セキュリティ対策が重要になります。業務で活用するIoTと異なり、ユーザー自身にセキュリティの負荷をかけず、利便性が高い、一般ユーザー向けのセキュリティ対策が必須になります。また、ユーザー自身も意識の改革が必要です。あらゆるモノやコトがつながるIoTの世界では、サイバーセキュリティ攻撃のリスクは避けられず、多段階認証などの重要性の理解や自分の情報は自分で守るといった意識が必要になります。

エネルギー効率の向上を目指す「スマートハウス」

IoTを活用して生活の利便性を高める「スマートホーム」に対し、家庭のエネルギー効率を向上させるしくみを「スマートハウス」と表現することがあります。

家庭内のエネルギー管理システムを「HEMS（Home Energy Management System）」と呼びます。HEMSは、家庭内の電力の制御だけでなく、HAN（Home Area Network）というネットワークを利用して、太陽光パネルや蓄電池なども制御し、電力の最適化を目指します。近年は、一般家庭に電気自動車が普及することにより、電気自動車を「大きなバッテリー」と考えることができるようになってきました。電気料金が安い夜間に電気自動車の充電を行い、家庭用の電源として使用したり、停電時のバックアップとして使ったりできます。

HEMSで家庭内のエネルギーを管理するスマートハウス

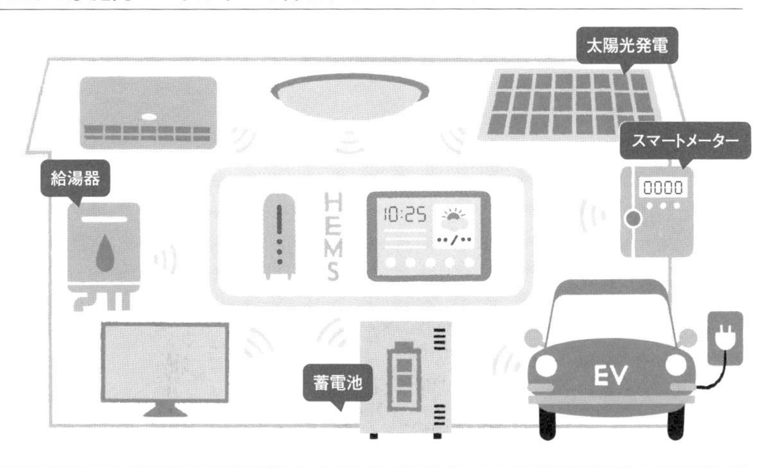

HEMSは、家庭内の家電や電気設備とつないで、電気やガスなどの使用量をモニター画面などで「見える化」したり、家電機器を「自動制御」したりする。国は、2030年までにすべての住まいにHEMSを設置することを目指している

Chapter 4

02 IoTによる働き方改革

テレワーク(リモートワーク、在宅勤務)の広がり

2020年以降、新型コロナウイルス感染症拡大の影響もあり、テレワーク（リモートワーク、在宅勤務）が急激に広がりました。「テレワーク」は、離れたところを意味する「Tele」と働くの「Work」を組み合わせた造語で、「ICTを活用し、時間や場所を有効活用する柔軟な働き方」と、国が定義しています。

テレワークでは、遠隔ミーティングなどを支援するWeb会議システムのZoom（ズーム）やSkype（スカイプ）などが有効利用されています。さらに、テレワークの広がりと加速により、遠隔ミーティングツールにも、翻訳機能やブレークアウトルームなど、次々と便利な機能が追加されています。

また、グループウェアも以前から使用されていましたが、テレワークの広がりで、その存在が見直されています。グループウェアがサポートしている主な機能は、社内SNS、メール、スケジュール管理、ドキュメント共有、ワークフロー、勤怠管理、行先掲示、伝言、名刺管理、アドレス帳、施設予約、ToDoリスト、モバイル連携、テレビ会議、チャットなどです。

テレワークには、通勤時間の短縮や混雑緩和、通勤費用の削減、オフィスのスペースの削減など多くのメリットがあります。また、デジタルツールを有効に活用することで、電子契約などで透明性が増すなどのメリットもあります。

テレワークの問題点とその解決方法

テレワークの問題点	IoTをベースにした解決方法
承認のために押印が必要になる	電子承認を行う場合、本人性や非改ざん性を証明できなければ、悪用や改ざんのリスクを伴う。 このため、現在、多くの企業が導入を進めているのが、高セキュリティな電子承認に必要な電子証明書などの機能が利用できる「電子承認システム」。 しかし、既存の電子承認システムを導入するとなるとコスト面が障壁となるので、必要な機能を備え、安全かつ低コストで導入できるクラウドサービスの活用を検討する。
書類確認のために出社が必要になる	書類のデジタル化の遅れに起因する問題。 アナログの書類（手書き書類）をなくし、データ化することで、書類の紛失も防止できる。
電子ファイルが個別のパソコンに保管され、データの共有化ができない	すべての業務用電子ファイルを共通サーバー、またはクラウド管理とし、対象となる社員や組織からインターネット経由でアクセスできるようにする。 セキュリティ上、サーバーやクラウドへのアクセス権の設定も必要。
社員や組織の間で意思疎通ができない	たとえば、ひとつの案件における検討過程も含めてデジタルデータ化し、対象となる社員や組織が容易に検索可能にすることで情報と意識の共有を図る。 AR（拡張現実）会議によるコミュニケーションの活性化も検討する。
新入社員教育がうまく進まない	標準化を含めた過去のノウハウなどの電子化により、新入社員とその教育係との情報と意識の共有化を図る。
社員や組織の中に孤独感が生まれる	リアルで共創感を与えるツールの活用による「AR（拡張現実）会社での勤務」で、社員や組織による協働作業を体現する。

現在は、物理的にも心理的にも、テレワークが広がる過渡期。将来的には、IoTや関連技術の活用により、家屋の構造や家庭の環境からテレワークに適したものになっていくと考えられる

Chapter 4

03

小売業や飲食・サービス業におけるIoT活用事例

IoTの活用による成功事例と試み

小売業や飲食・サービス業においても、さまざまなIoT活用事例が紹介されています。また、かつての活気を失ってしまった日本の各地の商店街でも、IoTで店舗がつながることで、組織としての付加価値向上を目指す試みがはじまっています。

小売業におけるIoT活用事例

IoT活用項目	IoT活用内容
店舗情報	チェーン本部による店舗指導や支援の効率化(AI活用)。 店舗による情報販売ビジネス
自動発注	品切れ予測による自動発注
自動納品	RFIDなどによる自動納品処理
自動配置	ロボットによる商品の自動配置
自動販促	顧客の属性分析によるPOP表示やクーポン発行
自動案内	ロボットなどによる店舗内や商品の自動案内
客導線の監視・分析	カメラによる客導線監視と売り場レイアウトの最適化。 顧客が商品を手に取る状況の確認・分析によるユーザー体験の向上
デジタルカート	カート内商品の購入金額表示による事前確認
自動精算	顔認証やカートにICタグリーダー取り付けによる自動精算
POSレジ入力	カメラによる年齢、性別などの自動認識
自動防犯	カメラによる行動パターン監視と万引き防止

日本の小売業（チェーン店）は、歴史的に米国チェーン店発祥のシステムが多く導入されており、IoTの活用もその流れをくむものが多い

ネットショッピングの今後

近年、ネットショッピングのツールが簡易化され、小規模事業者でも簡単にECサイトを開設できるようになりました。このことから、今後はフリマアプリのようなC2C（Consumer to Consumer）のネットショッピングが発展すると思われます。「越境EC」とは、国境を越えてインターネット上でモノやサービスを販売する形態です。「日本製品は高品質」という海外からの評価で、越境ECが拡大をつづけています。

今後、ネットショッピングでは、しくみの複雑化により、電話などによる問い合わせが増加すると考えられます。そのため、事業者側はヘルプデスクの強化を考え、チャットボットなどで問い合わせに自動応答するツールを充実させることも検討する必要があります。ネットショップに限らず、ヘルプデスクのオペレーターを採用するために、オペレーターへの回答アシスト機能など、在宅での対応を可能とするしくみも重要です。

一方、ネットショッピングは、利便性は高いもののレジャー的要素が少なく、自動化が進むと一部の商品ではEC離れが発生することが予想されます。そのため、将来的には、ECサイトをエンターテインメント化し、それぞれのコールセンターの販売員が「おもてなし」を意識しながら、AR（拡張現実）技術などを駆使して、顧客満足度を高めるような対応をすることも、EC離れを防ぐ方策として考えられます。

Chapter 4

04

IoTによる新しいビジネスとキャッシュレス決済

シェアリングとサブスクリプション

IoTを活用することでモノやコトの状況が把握できると、あらゆるモノやコトがシェアリング（共有）されていきます。シェアリングは、個人や企業が所有する遊休資産などを貸し出し、利用者と「共有する」サービスです。利用者は、利用量や利用時間に対して料金を支払うしくみが一般的です。

シェアリングは、「物品のシェア」「空間のシェア」「移動のシェア」「スキルのシェア」「お金のシェア」に大別されます。いずれのシェアリング形態においても、貸し出す側と利用する側がインターネットなどを通じてやり取りや決済を行うように、サービスのしくみにIoTが活用されています。

また、シェアリングと同様にIoTの活用で拡大しているのが、サブスクリプションです。サブスクリプションは、定額制の継続的な課金により、商品やサービスを利用者に提供していくビジネス形態です。近年は、音楽や動画の配信サービスや電子書籍の読み放題など、デジタルコンテンツの市場が大きく伸長していますが、従来からのサービス・健康・教育分野や物品購入・レンタル分野も堅調に伸長しています。

キャッシュレスの波

シェアリングやサブスクリプションなど、昨今の新しいビジネスにおけるキーワードは「キャッシュレス」です。キャッシュレス決済は小売業や飲食・サービス業にも広がりを見せています。日本では、治安のよさやATMの充実などから、未だ現金決済の慣習が根強く残っていますが、世界ではキャッシュレス決済がスタンダードになりつつあります。特に、スマートフォンで決済が完結する○○ペイがここ数年で一気に広がったことが、決済のキャッシュレス化を推進しています。

キャッシュレス決済のメリットは、単に現金を持ち歩かないでよいだけでなく、会計システムの自動化や確定申告の正確性（脱税防止）などが挙げられます。IoTの観点からは、キャッシュレス決済により、デジタル化された取引データが創出され、それらのデジタルデータを活用することで、利便性の向上につながっていきます。

主なキャッシュレス決済手段

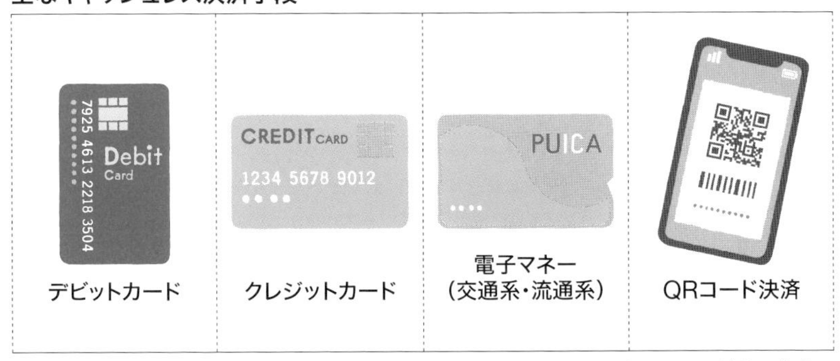

デビットカード決済は、使ったその場で口座から引き落としになる。クレジットカード決済は後払いとなり、分割支払いもできる。電子マネーには交通系と流通系があり、いずれも事前チャージのプリペイド決済方式。QRコード決済は、専用アプリとQRコードを使う決済方法。決済時に口座から引き落とされる

Chapter 4

05

マーケティングにも活かせるIoT

IoTとAI技術を活用したマーケティング

IoTとAI技術を活用することで、需要予測の精度が大幅に改善できます。IoTを活用して、いわゆる「コーザルデータ（天候・気温や年間行事・地域行事など、売上げに影響を与える要因情報）」を収集し、売上げとの関連をAIが学習することで、需要予測の精度が上がり、新しい売れ筋商品の把握などにつながっていきます。

IoTを活用したD2C（Direct to Consumer、消費者直接取引）も実現可能になっています。従来は、自社製品を販売するために、商社、広告代理店、卸売、小売など、それぞれの業者を経由する必要がありました。それが今日では、自らIoTで収集した情報をもとに、企画・製造・販売・マーケティングを統合して実施し、EC（Electronic Commerce）によって、直接消費者に自社製品を提供することが可能になっています。ECとは、インターネット上での売買や決済、サービスの契約などを行う「電子商取引」のことです。小規模事業者でも、従来の流通形態や商習慣にしばられず売れるしくみの構築が可能になります。

また、店舗などでもIoTとAI技術の活用で、売り場における顧客の滞在時間や商品の確認動作、顧客の視線がどのように動いているかを分析して、顧客の興味から売れ筋の把握、棚配置の改善が可能になっています。さらに、コーザルデータや人流データを用いた「ダイナミックプライシング（自動価格設定）」もはじまっています。

「One-to-Oneマーケティング」の実現

IoT化された社会におけるマーケティングのポイントは、「個の重視」です。IoTとAI技術を活用して、個人の行動履歴や購買履歴データを収集・分析することで、「One-to-Oneマーケティング」が実現できます。今日では、Webサイトの貢献などの分析が可能な「Googleアナリティクス」などを活用することで、個人でも自社のWebサイトの分析ができるようになっています。

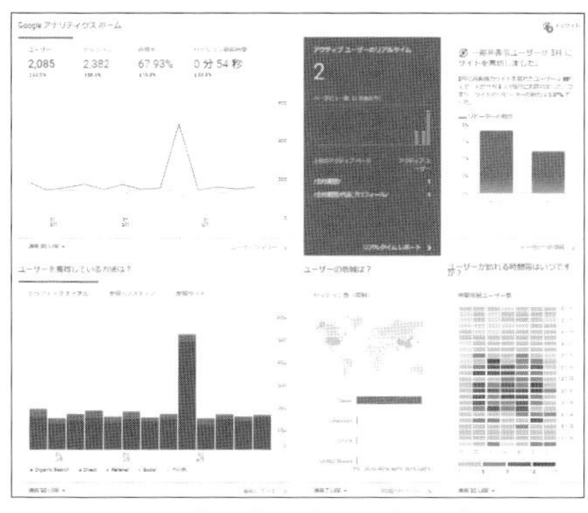

Webサイトの貢献などの分析が可能な「Googleアナリティクス」を用いて「見える化」したデータ分析例（筆者作成）

基本的な個人情報保護が前提ですが、消費者が自身の行動履歴や購買履歴を提供することは、消費者自身のプラスになるという考え方もできます。「情報の預託」、すなわちデータを提供・蓄積して有効利用することから、「情報銀行」と呼ばれることがあります。そして、これらの情報は「信用スコア」と呼ばれるサービスの提供や融資や金利の判断基準にも利用されます。

Chapter 4

06 IoTで変わる金融業界

IoT化による影響が大きい金融業界

現在の金融業界は、世界中で年間200兆円規模の利益を生む一大産業です。従来は参入障壁が最も高い産業のひとつでしたが、社会がIoT化されることで、最も影響を受けている産業と言えるかもしれません。IoTをはじめとした先端科学技術による金融業界の変革は「FinTech（フィンテック）」と呼ばれています。FinTechは、Finance（ファイナンス）とTechnology（テクノロジー）からなる造語で、すでに海外では、FinTechに関連した新しいサービスが次々と誕生しています。

元々、金融業界のICTシステムが大型コンピューターの開発を牽引してきた歴史がありますが、現在は、金融業界や金融システム自体のあり方が大きく変化しはじめています。従来、銀行はお金の流れを支え、さまざまな社会的役割を担ってきました。しかし、グローバル化の進行とともに、通貨による価値の違いが国際的な取引に影響するようになり、銀行を介さない暗号資産（仮想通貨）の流通が加速化しています。

証券業界における株価予測でもAI化が進行しています。Web情報などで株式を自動売買するシステムの浸透により、投資家や証券会社などの役割も変わってきています。また、個人資産の管理・運用も、ロボアドバイザーによるパッシブ運用の自動化の時代へと変わろうとしています。

BaaSを支えるAPI技術

「BaaS（バース）」とは、「Banking as a Service」の略で、従来、銀行が提供してきた機能やサービスを、「決済」「送金」「融資」「投資」などに分割し、銀行以外のさまざまな企業や組織が自社のサービスに組み込んで、一般ユーザーに提供できるようにするしくみです。

BaaSのしくみを支えているのがAPI（Application Programming Interface）という技術です。APIを利用して銀行のシステムに接続することで、「決済」「送金」「融資」「投資」などの金融サービスを自社サービスの一部として提供できるようになります。そしてこの一連の金融サービスの変化は、APIによる「金融サービスのオープン化」と呼ばれます。

BaaSのしくみ

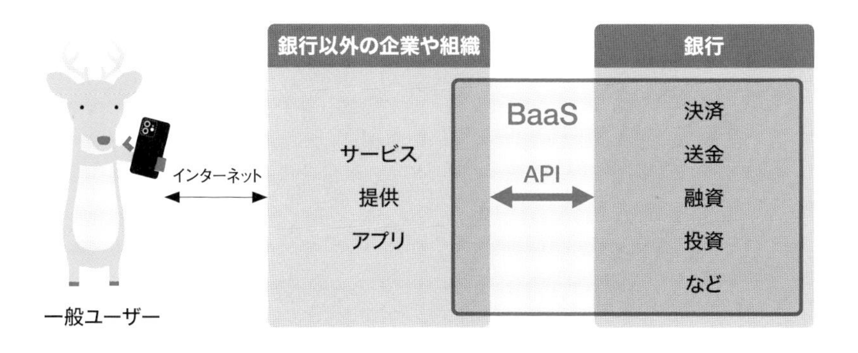

BaaSのしくみを利用して、銀行以外の企業や組織が自社のアプリに決済機能などの金融サービスを追加搭載したアプリが多く存在するようになった。おかげで、一般ユーザーはスマートフォンなどから、手軽に金融サービスにアクセスできるようになっている

Chapter 4

07

IoTの活用で劇的に変化する医療・介護の現場

医療・介護分野のIoT活用実態

高齢化が進む現在の日本社会では、医療・介護分野における労働力不足は深刻です。その解消方法のひとつとして、IoTへの期待は大きなものがあります。医療とデジタル技術の融合を「MedTech（メドテック）」と呼びますが、人命に関わり、安全・安心が重要な分野であるため、その適用方法は十分に留意する必要があります。最初は、IoTやAIの活用による判定や結果を、医療・介護現場の医師や看護師などへのアドバイスとして利用して、実績を積み上げてから、自律的な適用とすることが推奨されます。

新型コロナウイルス感染症拡大の影響もあって、オンライン診療が一部条件付きで初診から認められるようになりました。今後は、IoT関連技術を活用した遠隔での診療や手術なども一般化すると思われます。また、製薬の分野でも、「MI（マテリアルズ・インフォマティクス）」と呼ばれるAIを活用した新薬開発が注目を集めています。医療の世界では、研究論文の解析などが重要ですが、ここにもAI技術が活用されています。

先端技術と将来の医療

健康寿命を延ばすためには、発病後の治療では遅すぎる場合が多く、超早期発見や未然に病気を防ぐ医療を実現する必要があります。そのためには、個人それぞれの医療・健康データを活用した対応が求められています。

かかりつけの病院が変わっても、それまでの病歴や薬の服用歴、血圧や脈拍数、体温などの医療・健康データを活用した診断や適切な処置ができるようにする必要があります。また、食べ物の摂取や運動歴などのデータと紐づけることで、病気になりにくい体づくりや病気の兆候の把握が可能になります。さらに、スマートフォンなどでレントゲンや血液、細胞などの検査ができる技術と利便性の向上が求められます。

このように、個人それぞれの健康状態に適合した個別化医療が進展していく中で、医師や看護師などのあり方も変化していきます。つまり、IoTやAI、ロボットなどの先端技術と医師や看護師などによる協働体制です。医師自ら、AIの作成が可能なソフトツールも販売されています。また、未知のウイルスの予防・診断・治療においても、医師や看護師など、人間が介在しなくても、AIやロボット技術で対応できるような技術開発が求められます。

COME TOGETHER

Chapter 4

08

MaaSや自動運転に活かされるIoT

MaaSが目指す移動の効率化と地域の課題解決

近年注目を集めている「MaaS（マース）」とは、「Mobility as a Service」の略で、あらゆる交通手段を最適に組み合わせ、IoTやAI技術を活用してクラウド上で検索・予約・決済等を一括で行うサービスです。移動の効率化や渋滞の解消、交通弱者対応、環境維持に加え、観光や医療などの交通以外のサービス等との連携により、地域の課題解決にも役立つ重要な手段となります。

MaaSのしくみ

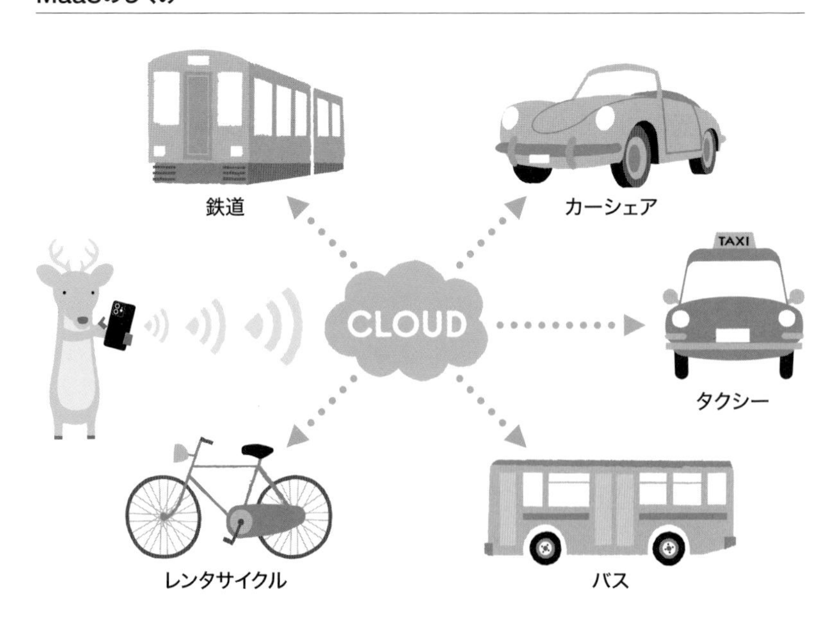

MaaSとは、複数の公共交通やそれ以外の移動サービスを最適に組み合わせて、クラウド上で検索・予約・決済等を一括で行うサービス

自動運転技術がもたらす道路交通の未来

一方、急速に開発が進んでいる自動運転技術は、カメラやセンサーを使って道路状況を確認し、人間による運転と同等の運転技術を目指すものです。一部の条件を除いて、技術的には人間による運転以上の安全性の確保が確認できていますが、最終的な完全自動運転へ移行するためには、さらなる実験・実績の積み重ねや法整備、自動車保険のあり方の見直し、社会全体の認知などが必要になります。

IoT関連技術を活用する自動運転車は、自動車同士がつながるだけでなく、交通系システムなどともつながります。たとえば、10台前方の車のブレーキを瞬時に把握して、自車のブレーキを自動で作動することができます。信号はカメラで認識するのではなく、通信で認識します。すべての車がどこに向かって走行しているのかを交通系システムで把握して、渋滞にならない最適ルートをカーナビゲーションシステムに知らせてくれます。

国土交通省では、IoTで収集した事故情報やスピード超過、車の接近などのビッグデータをもとに、事故発生区域の対応だけでなく、潜在的な危険地域を特定して、対策を講じる動きもあります。このような対策により、現在の交通状況を把握して、最適な道路設計が実施されるでしょう。また、センサーなどで道路の傷み具合がわかるため、危険箇所の道路工事も自動化されていきます。

Chapter 4

物流や倉庫でも活用されるIoT

ネットショッピングや地方の生活を支える物流

ECサイトを利用したネットショッピングの拡大に伴って、宅配（配送）システムの需要が増大しています。ネットショッピングのボトルネックは、もれなく物理的な「モノ」の移動が必要になることですが、物流や倉庫管理などの効率化が進めば、ネットショッピングはさらに拡大する可能性があります。

近年、注目を集めるドローン物流は、生活必需品や医療物資の輸送、移動が困難な高齢者へのサポートにつながり、地方活性化の起爆剤として期待されています。ドローンによる物流は、落下などの危険性もあるため、最初は人口が密集していない地方から進んでいくと思われます。先行事例としては、長野県伊那市によるドローンデリバリーサービス「ゆうあいマーケット」が知られています。地域住民は、ケーブルテレビのリモコン操作で配達の注文予約ができるようになっており、午前11時までに予約すると、その日の夕方には利用者の家に注文した商品が届き、地域の生活を支えています。

長野県伊那市によるドローンデリバリーサービス「ゆうあいマーケット」でドローンポートから飛び立つドローン（左）と、ケーブルテレビで注文するようす（右）（METI Journal ONLINE ウェブサイトより）

倉庫業務の改善

IoT を活用した倉庫業務の改善には、次のようなものが考えられます。Amazon の物流改革は有名ですが、日本における物流や倉庫業務の効率化には、まだまだ改善の余地がありそうです。

- ウェアラブルデバイスや AR（拡張現実）を活用した作業の効率化
- 台車にビーコンを取り付け、移動状況の確認（探す時間の削減）
- 自動搬送車による倉庫移動
- 1台の台車で3台の台車をコントロール（カルガモ走行）
- 協働ロボットによる積み込み・荷下ろしなどの作業補助

IoTを活用した倉庫業務

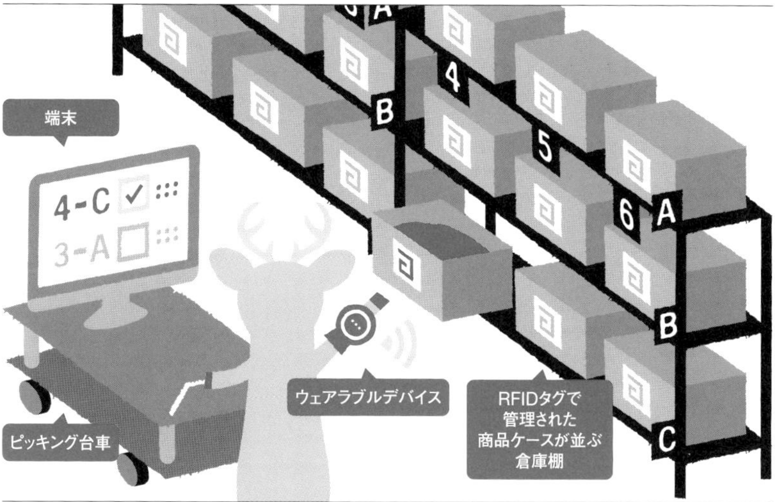

ピッキングリストが端末に表示され、作業者のウェアラブルデバイスにピッキングする商品の RFID タグコードが通知される。作業者が倉庫棚の商品ケースを引き出すと、ウェアラブルデバイスが RFID タグを読み取り、エラーがでなければ、ピッキングして台車に載せる

Chapter 4 10

スマートシティで実現される未来の街

スマートシティの定義と基本コンセプト

「スマートシティ」とは、「ICT 等の新技術を活用しつつ、マネジメント（計画、整備、管理・運営等）の高度化により、都市や地域の抱える諸課題の解決を行い、また新たな価値を創出し続ける、持続可能な都市や地域であり、Society 5.0 の先行的な実現の場」と、内閣府ほかによって定義されています。そして、スマートシティに取り組む上での基本コンセプトには、3つの基本理念（下に掲示）と5つの基本原則が設定されています。

- **市民（利用者）中心主義**：「Well-Being（心身の幸福）の向上」に向け、市民目線を意識し、市民自らの主体的な取り組みを重視
- **ビジョン・課題フォーカス**：「新技術」ありきではなく、「課題の解決、ビジョンの実現」を重視
- **分野間・都市間連携の重視**：複合的な課題や広域的な課題への対応等を図るため、分野を超えたデータ連携、自治体を越えた広域連携を重視

スマートシティの具体例

2020 年 1 月、トヨタ自動車は、あらゆるモノやサービスがつながる実証都市「コネクティッド・シティ」を「Woven City」と命名し、2021 年初頭より、東富士（静岡県裾野市）に着工することを発表しました。Woven City の主な構想として、街を通る道を 3 つ

に分類することや、街の建物は主にカーボンニュートラルな木材でつくり、屋根には太陽光発電パネルを設置すること、室内用ロボットなどの新技術を検証するほか、センサーのデータを活用するAIにより、生活の質を向上させることなどが掲げられています。

トヨタ自動車が東富士に設置すると発表した「Woven City」の完成予想図（画像提供：トヨタ自動車）

他にも、特徴的なスマートシティの取り組みはすでにはじまっています。たとえば、富山県富山市では、少子高齢化による人口減少という将来を見据えたコンパクトシティ戦略を、2007年に打ち出しました。広域に分散していた都市機能をコンパクトに地域集約し、生活の便がよく、行政サービスも行き届き、コストも安い都市へとつくり変える構想です。2018年からは、IoTを活用したスマートシティの実現にも取り組んでいます。IoT向け省電力・長距離通信が可能な「LoRaWAN」を居住地域に張り巡らせ、取得した個人情報以外のデータをFIWARE（ファイウェア）に載せて分析し、地域の新たな価値創出を行うという試みに挑戦しています。そのパイロット事業として、子供たちが登下校する際の通学路の安全を確保する「こどもを見守る地域連携事業」を実施しました。

Chapter 4

11

ICTに無縁だった農業のIoT化

農業のIoT化の実情

今まで農業は、ICTや先端科学技術とあまり縁のない分野でしたが、農業とデジタル技術が融合する「AgriTech（アグリテック）」と呼ばれる動きがはじまっています。

農業は、ある意味、IoT化による伸びしろが最も大きな分野とも言えます。これまで農作業のノウハウは、すべて人間によって伝承されてきたため、実際にIoTを導入しようとしても、まったく情報(データ)がないことが多いのが実情です。そんな農業分野にも、いよいよIoT化の波がきています。

具体例として、IoTの活用による農家の技術の「見える化」がはじまっています。また、IoTを活用して状況把握による故障予知を行うことで、農業設備の保守・メンテナンスの効率化が図られています。さらに、遠隔での農作物の監視や自動ロボットによる収穫の自動化、ドローンによる農薬散布など、農業とIoT技術の接点を探る動きが活発化しています。

また、食品やその材料の生産・加工・流通・消費までを含めたフードチェーン全体の最適化を考え、天候予想から需要を予測して、冷凍や加工のタイミングや供給量の判断が、AIを活用して行われています。このような食品とデジタル技術の融合は「FoodTech（フードテック）」と呼ばれ、今後、大きな市場になることが予想されています。

究極の生産・流通の安定化

農作物の生産・流通の安定を考えると、最終的に植物工場に行きつきます。IoTが得意な、生産に最適な環境であるスマート工場のノウハウが活かされることになり、物流技術との融合も進んでいきます。

従来の日本の農業は、国土の狭さや平地の少なさなど、諸外国に比べて不利な面が多いため、結果的に食料自給率が低くなっています。また、天候や輸入農作物の価格の影響で、農業は収支的に安定した産業にならないという根本的問題もありました。

一方、植物工場では、生産量をコントロールすることができるため、海外に頼ることなく、自国で安定した生産・供給が可能になります。また、農作業の自動化により安定したビジネスとなります。次世代型の植物工場としては、AI技術と閉鎖型装置を活用した「PLANTORY tokyo」の事例があります。

プランテックスが自社拠点「PLANTORY tokyo」に導入した閉鎖式の「人工光型植物工場」。2019年から植物の生産を開始し、2020年5月からは、スーパーマーケットへの出荷を行っている（画像提供：プランテックス）

Chapter 4

12

建設·土木業界に広がるIoTの活用

労働力不足と高齢化対策への切り札

近年、建設・土木業界では、労働力不足と就労者の高齢化が深刻です。この喫緊の問題・課題を解決する切り札として、ICTやIoT、AIなど、先端科学技術の活用が進んでいます。なかでも、「建設機械のコマツ」で知られる小松製作所の「スマートコンストラクション」が有名です。「スマートコンストラクション」は、建設生産プロセス全体のあらゆる「モノ」のデータをICTで有機的につなぐことで、測量から検査まで現場のすべてを「見える化」し、安全で生産性の高いスマートな「未来の現場」を創造していくソリューションです。労働力不足や安全性の向上など、建設現場のさまざまな問題・課題を解決へと導きます。「スマートコンストラクション」の取り組み事例には、下記のようなものがあります。

- GPSや各種センサーを建機に取り付け、工事の状況を可視化
- ドローン等による3D測量、および正確な必要土量の把握
- 3D設計データに基づきICT建設機械を使用した自動工事
- 工事の実績管理データに基づきAIを活用した業務改善
- 生産工程でのタブレット活用による設備稼働率向上や故障予測

国土交通省は、2016年4月より、測量から検査に至るまでのすべての建設生産プロセスでICT等を活用する「i-Construction」を推進しており、建設現場の生産性を2025年度までに2割向上させることを目指しています。小松製作所の「スマートコンストラクション」は、この「i-Construction」に準拠したソリューションです。

IoTを活用した建設・土木現場の安全確保

建設・土木業界では、労働災害・事故の防止が最重要課題です。国内ではこれらの事故は少なくなってきているものの、海外ではいまだに大きな問題になっています。建設・土木現場における労働災害・事故の防止対策として、以下のようなIoTを使った対応が進んでいます。

- センサーやカメラによる危険動作や危険区域への侵入把握、関係者以外（不審者）の侵入判定
- 作業者の健康状態の管理と環境改善
- VRによる事故体験やARによる作業教育
- 炭鉱事故の原因分析や鉱山作業の無人化の推進
- 橋梁やトンネル、道路など、インフラの老朽化に伴う安全状況の把握と故障検知

2012年に開通した東京ゲートブリッジでは、橋梁部に50個以上のセンサーを取り付けて、ひずみや振動、変位など、1秒あたり数千のデータを測定・分析することで、異常の検知を実施しています。一方で、1955年～1973年までの高度経済成長期に建設された橋梁やトンネル、道路など、膨大な数のインフラの老朽化が進行しており、それらへの対策・対応にも、先端技術の活用が急がれます。

Chapter 4

13

IoTの得意分野「異常検知」

IoTの活用による異常検知事例

IoTの活用で、いち早く成果が上がったことが「異常検知」です。センサーやカメラなどからのデータを利用する異常検知は、収集するデータが大量になると、人手による分析では限界があります。IoTを活用すると、コンピューターや周辺機器がデータを収集・分析するため、人間が気づかないような小さな異常も検知できます。疲れなどに起因するミスも発生せず、24時間、365日稼働可能です。IoTの活用による異常検知には、以下のような事例があります。

- **設備の故障予知**：設備に電流や振動、音、熱（温度）、匂いなどのセンサーを取り付け、各種データを収集することで、設備の故障の予兆を把握する
- **発電所における異常検知**：約2500もある発電所のセンサーデータをAIで分析することで、いつもと違うデータの関係性を検知し、運転員よりも数十時間前に異常検知ができる
- **外観検査**：人間が外観検査で判定した合格・不合格情報と、その外観画像をAIで学習させることにより、製品の外観検査の自動判定が可能になる
- **人物の異常検知**：監視カメラの設置により、不審者の把握だけでなく、センサーなども併用することで、人物のふらつきや転倒検知などが可能になる

異常検知の成果が上がるようになった背景には、カメラの高性能化とディープラーニングに代表されるAI技術の進歩があります。

AIによる検査は、人間による検査のばらつきをなくすことや、単純作業から解放させることで作業者のモチベーションの向上に寄与しています。さらに、センサーにウェアラブルデバイスを活用することで、健康上の問題把握も可能になり、あらゆる業種の作業者の安心・安全につながっています。

異常検知のノウハウ

IoTの活用による異常検知を業務フローの中に導入すると、いくつかの課題に直面することがあります。その対応方法は、異常検知のノウハウとして蓄積されていきます。

業務フローにおける異常検知の課題と対応方法

課題	対応方法
異常データの不足	正常データのみでモデル化し（教師なし学習）、逸脱した場合にアラーム（通知）。検査員のノウハウを情報化
判断基準	過去の品質問題を判断基準の最低ラインとする。顧客からのクレームなどを参考にして、柔軟に判断基準の変更ができるしくみづくり
データの精度（カメラ）	高機能カメラの利用、シャッター速度の調整、画像サイズの固定、照明条件の統一など
異常未検出の影響	AIリスク分析手法の確立。IoTと人との共同作業のしくみづくり（過剰検出する方向にチューニングして、異常検出品を人が再検査）
異常誤検出の影響	コストの増大と効果の定量的判断
通信切断	IoTでは常時通信が前提・絶対条件。モニタリングできない（通信切断）状態そのものを異常ととらえる

Chapter 4

14

製造業の生産現場でのIoT活用事例

生産現場のIoT活用実績

製造業の生産現場では、IoTの活用で成果が上がっている事例が多数あります。生産現場の作業においては、AR（拡張現実）やロボットなどが、設備機器に対しては、監視、点検、故障予知などが、生産ラインにおいては、生産管理システムやシミュレーションが、また、品質や外観検査などが、IoTを活用して成果を上げています。

生産現場のIoT活用例

分類	項目	内容
作業	AR（拡張現実）	ARとウェアラブルデバイスを活用した作業マニュアルや作業動画の確認。熟練者による遠隔からの点検作業の支援
	ロボット	生産現場の作業者の代わりに、人と協働できるロボットや移動できる自律ロボットが最適な方法を考えて作業を行う
	日報	各種データから日報作成を自動化
設備	監視	センサーやカメラによる稼働監視。離れたオフィスや外出先からでも確認可能
	点検	遠隔からの設備点検の実施
	故障予知	センサーデータや数値実績などからの故障予知
	制御	遠隔からの設備制御の実施
生産	生産管理システム	システムと設備の連動による、正確な生産実績の把握・管理
	製品の流れ	磁気センサーなどによる製品の流れの把握
	シミュレーション	IoTで収集した精度の高いデータとAIを活用した分析による最適な生産計画のシミュレーション
検査	品質	センサーによる品質把握
	外観	カメラとディープラーニング技術を活用した異常判定。製品の傷や汚れ、塗装ムラがないか、食品の形や色が正常かなどの検査

従来、人力や目視で実施してきた生産現場の作業や検査が、IoT活用により自動化されることで、コスト削減や品質向上につながっている

IoTによる改善活動

IoTを活用した生産現場の改善は、成果に結びついている事例が多数ある一方で、進め方を間違うとうまくいきません。IoTによる生産現場の改善活動を進めるには、いくつかのポイントがあります。

- IoTを目的にしないこと。データを収集すると何がわかるかの仮説を立てる
- データ収集とデータ分析を繰り返し、少しずつ進める「スモールスタート」が重要。最初は安価なシステムによるPoC（Proof of Concept、概念実証）から実施する
- 現場担当者のノウハウ活用
- 生産現場はノイズなどにより無線通信が安定しない。必要に応じて有線通信を検討
- 生産現場の情報の流れの見える化
- 計画的研修受講とOJTによるIoT人材の育成

IoTの活用による成功事例は、中小の製造業でも生まれています。2021年版『中小企業白書』にも取り上げられた協栄プリント技研のIoTへの取り組み事例「KPG IoTソリューション」は、生産性向上だけでなく、ビジネスモデルの変革にもつながっています。

「KPG IoTソリューション」は、クラウド上にさまざまなデータを収集し、稼働状況を監視・データ分析を行うシステム。工場の価値を「見える化」することで、生産性の向上やコスト削減に貢献する（協栄プリント技研ウェブサイトより）

Chapter 4

15 IoTで実現するスマート工場

スマート工場の事例

社会インフラや産業分野向けに情報制御システムを手掛ける日立製作所大(おお)みか事業所は、2020年1月、世界経済フォーラム(WEF)から日本企業としてはじめて、第4次産業革命をリードする世界で最も先進的な工場「Lighthouse(灯台、企業の指針の意味)」に選出されました。

日立製作所大みか事業所では、バリューチェーン全体の最適化、高度化を実現しています。活用したIoT関連技術は、3D、シミュレータ、RFID、クラウド、ロボット、AR、AIなどで、生産リードタイムの50%削減やマス・カスタマイゼーションを実現しています。日立製作所大みか事業所では、推進体制を20年以上にわたりプロジェクトとして継続し、デジタル技術を計画的、段階的に導入してきたところにポイントがあります。

バリューチェーン全体を最適化するデジタルソリューション

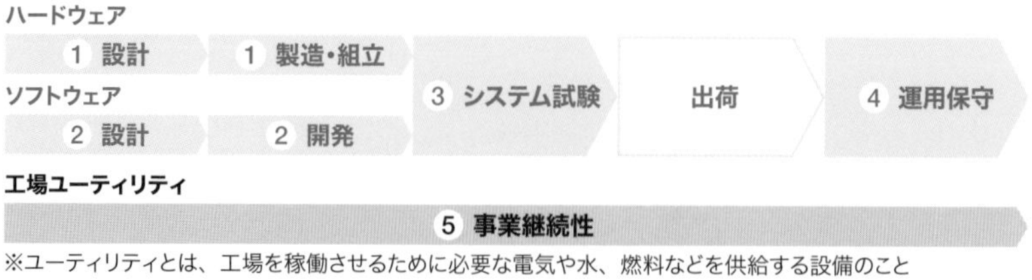

ハードウェア
1 設計 → 1 製造・組立
ソフトウェア
2 設計 → 2 開発
→ 3 システム試験 → 出荷 → 4 運用保守
工場ユーティリティ
5 事業継続性

※ユーティリティとは、工場を稼働させるために必要な電気や水、燃料などを供給する設備のこと

①マス・カスタマイゼーションを実現するハード設計・製造の高効率生産モデル、②システムを止めずに高度化するソフト設計・開発の自律分散フレームワーク、③絶対品質を追求するシステム試験の総合システムシミュレーション環境、④高度運用をサポートするシステム運用・保守支援のサイバー防衛訓練検証設備と安定稼働サービス、⑤事業継続性を発揮する工場ユーティリティの環境エネルギーマネジメント(日立製作所大みか事業所紹介パンフレットより抜粋)

マス・カスタマイゼーションの実現

ものづくりの流れは、多品種少量生産、特注品生産へシフトしています。IoT の活用により個々のデータが把握できればできるほど、さらに個々への対応が必要になり、多品種少量生産、特注品生産の流れが加速していきます。この状況の中、スマート工場においては、マス・カスタマイゼーションの実現が重要課題になっています。マス・カスタマイゼーションとは、大量生産と同じコストとスピードで特注品を製造することです。部品や組み立て方法、塗装色など、製品個別の生産情報を RFID や QR コードなどで情報として管理し、その情報をロボットが読み取り、特注品を製造します。

米国のオートバイメーカーのハーレー・ダビッドソンは、ペンシルバニア州の老朽化したヨーク工場をスマート工場として刷新して、Web サイトからの個別注文の形でマス・カスタマイゼーションを実現しました（2021 年 8 月現在、サービス停止中）。一方、スポーツ用品メーカーのナイキでは、「Nike By You カスタムシューズ」という名称で、Web サイトからシューズのマス・カスタマイゼーションを受け付け、人気を博しています。

「シューズに新しい価値を生み出そう。自分だけの特別なスニーカーを Nike By You でデザインして、誰も見たことのない一足を作ろう。」というコンセプトのもと、シューズのマス・カスタマイゼーションが展開されている（ナイキジャパンウェブサイトより）

Chapter 4
16
プラントの将来像と保安技術の革新

先端科学技術の活用による保安の推進

化学プラントや発電所などでも、先端科学技術の活用が進みつつあります。たとえば、熟練プラント運転員の経験に基づく知識や手法などを、文章や図表、数式などによって見える化し、客観的で有益な知識として共有したり、AIによるディープラーニング技術を活用して、品質予測を実施したりしています。

プラントの運用には「保安」という重要な項目があり、慎重さが求められます。経済産業省が主体となって、各種ガイドラインの作成や実証実験などが行われ、保安の推進を後押ししています。ガイドラインには、「防爆ガイドライン」「ドローンガイドライン」「データ契約ガイドライン」「セキュリティマニュアル」「プラント保安分野AI信頼性評価ガイドライン」などがあります。また、スマート保安官民協議会による官民一体となった取り組みも進んでいます。

プラントでは、従来からDCS（Distributed Control System、分散制御システム）と呼ばれる制御を実施してきました。一般に、設備が大掛かりになるプラントでは、安全・安心が最重要という特性があり、システムを一気に大きく変えることは困難です。大量のセンサーによるデータが蓄積されている場合も多く、人間には気づけない小さな異常検知を、ディープラーニングなどを使って、AIで予測する事例も多数あります。DCSのポイントは、AIを自律的に使用するのではなく、検知した異常を人間にアラーム通知するために活用している点です。

プラント保安では重要なリスクアセスメントの自動化などの試みも実施されており、経済産業省の取りまとめによる「プラント運転・保安 IoT ／ AI 人材育成」も進んでいます。

プラントでのドローンの活用

化学プラントや発電所などでは、ドローンを活用した高所点検、事故予兆の分析、災害時の迅速な点検などの実証実験が進み、本格的なドローン活用の段階に入りました。これは、総務省消防庁、厚生労働省、経済産業省による石油コンビナート等災害防止 3 省連絡会議が取りまとめたガイドラインに沿うものです。

そもそもプラントでは、危険区域にドローンを活用する際に問題となる、目視ではなくカメラでの確認が認められていないことなど、ドローン活用に対するさまざまな障壁がありました。しかし現在では、官民一体となった活動で、危険区域にも活用可能な防爆ドローンの要件に関するガイドライン作成の取り組みが進んでいます。

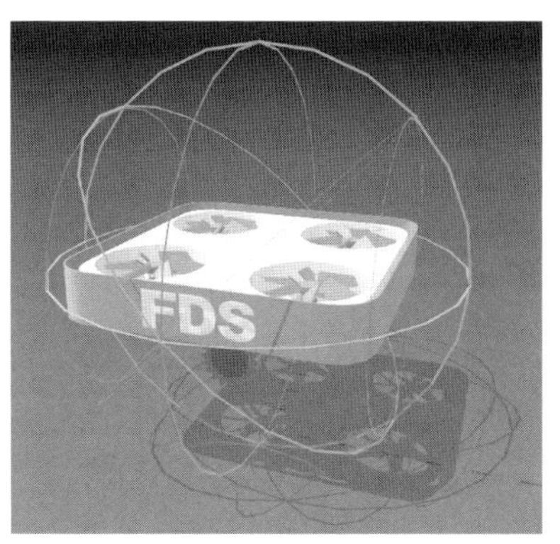

FUTURE DRONE SYSTEMS は、さまざまな現場や条件でのドローン運用を見据えて、実証実験を通じた防爆ドローンの開発を実施、2025 年度の実用化を目指している（画像提供：古河産業）

Chapter 4

17 未来の工場はどうなる

生産現場の未来

未来の工場はどうなっていくのでしょうか。IoTなどの先端科学技術の活用により、生産現場に作業者はいなくなり、生産工程はすべて遠隔制御になるでしょう。また、産業用ロボットにより生産工程はダイナミックに切り替わります。そして、工場でもテレワークが当たり前になり、労働災害がなくなっていきます。AIによる品質検査やシミュレーションによる生産最適化が進みますが、人間による改善領域も、付加価値創出の部分などに、ある程度残ります。

現在の日本では、工場は郊外にあることが多く、その地域の雇用の中心になっている場合もあります。そういうケースにおいては、工場までは車通勤が多く、通勤時間帯には渋滞が発生する場合もあります。しかし、未来の工場でテレワークが前提になると、労働者よりも物流などに最適な場所に工場が立地するようになります。

パーソナルファブリケーションの進展

「パーソナルファブリケーション」とは、個人が自宅などで各種工作機械をそろえて、ものづくりを行うことです。あらゆるものの設計情報が公開され、それをもとにカスタマイズしたものが3Dプリンターなどでつくれるようになります。自分が着る服も、自由にカスタマイズしてつくれるようになるでしょう。

パーソナルファブリケーションに関連する機器は、3Dプリンターや3Dスキャン、レーザー彫刻機器、デジタルミシンなどになりますが、それらはIoTでつながり、利便性向上のためAIの学習機能をもつことになります。また、これらの機器を家庭内で利用する場合、静かな稼働音がポイントになります。少し大きなものをつくる場合は、近くのシェアリング工場でつくり、自分でつくれないものは工場に生産依頼することになります。

2011年、日本で最初に開設されたファブラボであるファブラボ鎌倉は、21世紀型の学習環境を促進する実験工房です。世界100か国、1000か所以上のラボをプラットフォームとして、次世代を「つくるひと」を育成するSTEMおよびIoTクリエイター育成プログラムを実施しています。「STEM」とは、Science, Technology, Engineering and Mathematics（科学・技術・工学・数学）分野を総称する言葉です。

ファブラボ鎌倉は、秋田の酒造蔵を移築して建てられた（左）。建物の中には3Dプリンター（右）やレーザーカッターが並ぶ（画像提供：ファブラボ鎌倉）

設計・開発の自律化

「設計・開発の自律化」という言葉には、ものづくりの設計・開発はAIによる自律化が進むという意味と、ものづくりを人間が自律的に実施するという2つの意味があります。3Dプリンターなどのツールで試作を繰り返し、人間が評価を加えることで、より人間が満足するものを設計・開発することが可能になります。これはAIの強化学習と教師あり学習を組み合わせた手法を利用することになります。

従来は、何かモノをつくってもらうときに、誰かに依頼すると、コストも含め、どこかで妥協しなければなりませんでした。しかし、自分でAIを活用した試作を実施する場合は、究極まで試行を繰り返すことで、自分が満足できるものを得ることができます。これが、これからの「設計・開発の自律化」によるものづくりです。

納得するまで試行を繰り返す開発・設計は、単なるハードウェアのものづくりだけではなく、システム開発やソフトウェア開発、サービス開発、ビジネスモデル開発など、すべての開発・設計に応用できます。通常、「こういうものが欲しい」という漠然とした願望があっても、実際にモノを見てみないと、またはつくってみないと、具体的なイメージができないことが多いものですが、未来のものづくりでは、試行を繰り返すことで、欲しいものがつくれるようになります。

Chapter 5

IoTが目指すべき将来像と課題

私たちは、近未来社会における産業構造の変化や課題、問題点を理解・共有した上で、IoTが目指すべき将来像をグローバルに考えることが必要です。

Chapter 5

01 IoT関連技術の将来像

IoT関連技術の進化

今後、社会全体でIoTを活用する機会が広がることで、IoT関連機器やサービスの価格が安くなり、より身近に利用できるハード・ソフトのツールが確実に増加していくと思われます。

IoTの進展には欠かせない次世代移動通信方式「5G」ですが、さらに次の世代の通信方式となる「6G」が、2030年の実用化を目標に進んでいます。6Gでは、さらなる高速化や低遅延が実現されるだけでなく、他の通信方式の特長も網羅して、あらゆる通信方式がカバーされていくと考えられます。5Gまでは、人が住んでいる地域をカバーし、山地や森林、海洋など、人が住んでいない地域は対象外となっていましたが、6G以降の通信方式では、NTN（Non Terrestrial Network、非地上系ネットワーク）などの技術により、通信ができない地域がなくなっていくことが、重要なポイントです。

ドローンの進化の先には「空飛ぶクルマ」があります。一般的に実用化されるのは、2030年以降と予想されていますが、地上を走る自動運転車よりも障害物などの制約が少ない空の移動が実現すると、劇的な社会の変化をもたらす可能性を秘めています。

一方、IoTの進展に重要なセキュリティ技術も進歩が求められますが、攻撃側も進化するため、完全な防御を達成することは難しいと考えられます。

AI技術の進化

AI技術は、個別の課題を解決する「特化型AI」から、何でもできる「汎用型AI」の開発・移行が進みます。たとえば、ロボット掃除機のように、特定のことを行うロボットから、すべての家事に対応する家事ロボットのような、あらゆることに対応できるロボットが開発されるかもしれません。さらに、「AIの進化により、AIがAIをつくるということが可能になり、AIの限界がなくなる時代が来る」とも言われています。

現在でも、脳波の分析で感情などが把握できるようになっていますが、将来的には人間の脳とAIが融合する可能性があります。「AIが脳波を分析し、AIが人間を模倣する」「脳に直接デバイスを接続し、脳を覚醒させる」などが考えられ、この技術が実用化されることで、認知症対策などにつながると期待されています。

また、AI技術の進化により、気象予想や地震予知など、自然現象に関する予知や制御が行えるようになる可能性があります。特に、台風の勢力制御と台風発電が可能になると、「災害の台風」が「恩恵の台風」へと変わります。

2021年8月、台風もエネルギーに変える「垂直軸型マグナス式風力発電機」が、フィリピンで本格稼働をはじめた（画像提供：チャレナジー）

Chapter 5

02

IoT進展の重要項目「標準化」

IoTで標準化が重要な理由

IoT システムにおいて、「通信規格」が標準化されていないと、「つながる世界」がつながりません。通信規格の標準化は進んでいますが、通信方式がさまざまで、統一ができていないという状況です。従来から通信規格の標準化は重要課題でしたが、これまでは利用サイクルが比較的短いパソコンやスマートフォンなどが主要デバイスであったため、大きな問題にはなりませんでした。しかし、今後のIoT システムでは、長期に利用される機器があらゆるものとつながっていくため、淘汰される通信方式を採用してしまうと、将来的に使えないシステムになってしまうことになります。

また、データの有効利用や全体最適を考える上で、IoT で標準化が重要な項目として、「データの互換性」が必須になります。現状、AIでデータ分析を実施しようとすると、さまざまな形式のデータが混在するため、データの前処理などで形式を合わせるか、アプリケーション自体をデータの形式に合わせてカスタマイズすることが多くなっています。AI に文書などのテキスト情報の学習を実施させる際も、標準化された文書と属人化された文書とでは、学習の精度に大きな差が発生し、結果（成果）もまったく異なります。

標準化の遅れによる問題

日本では、標準化の遅れによって、さまざまな問題が発生しています。たとえば、企業が他企業と連携や合併をしても、業務のやり方や進め方が異なるため、業務効率が悪くなったり、同じ企業の中でも、部門が異なると業務のやり方や進め方が異なり、全体最適にならなかったりすることがあります。このような大きな問題の改善には、膨大な時間と費用やその組織にかかわる人の意識改善が必要になる場合があります。

一方、設備やシステムをつなげようと思っても、互換性がないため接続できなかったり、データを利用しようと思っても、形式が異なるため活用することができなかったりするような問題は、標準化を進めることで技術的に改善が可能な場合が多くあります。

標準化が最も難しいのは、個人個人の業務レベルやノウハウに関する事案です。たとえば、ノウハウが暗黙知化され、属人化が進みすぎて、技術伝承ができない場合や、特殊な業務が多く、新規担当者が配属されても、短期間では立ち上がらないケースは、標準化が難しい事案となります。

ここで注意しなければならないのが、「標準化」が必ずしも「改善」につながるとは限らないということです。それは、対象となる企業や組織の成熟度によって変わります。成熟度が高ければ、標準化によって変化への対応が遅れてしまうケースもあります。最終的には、標準化の遅れによって発生する問題点と標準化を取り入れることによるデメリットを理解した上で、その組織における全体最適を考えることが必要になります。

Chapter 5 03

IoTとAIを支える ハードウェア技術の展望

IoTとAIを支えるハードウェア技術

IoTやAIの世界では、今後のハードウェア技術の進展により、新たに解決できる課題は多数あります。たとえば、非構造化データを使ってディープラーニングを行うには、一般的なパソコンではデータの処理に限界がありましたが、コンピューター性能の進展により、個人のパソコンでも処理できるようになります。

これまでAIでは、コンピューターの頭脳と呼ばれるCPU（Central Processing Unit、中央演算処理装置）の性能が大きくその成果に影響を与えてきました。現在では、GPU（Graphics Processing Unit）という、元々は画像処理のためのプロセッサ（処理装置）が利用されることが一般的です。GPUの計算能力が、そのままAIの線形代数などの計算処理に適用できることで利用されてきましたが、最近では、GoogleのTPU（Tensor Processing Unit）やディープラーニング専用のプロセッサなども登場しています。また、IoTにおいては、安価な大容量のストレージ（補助記憶装置）が求められます。現在、主流になりつつあるSSD（Solid State Drive）は、さらなる容量の増加も期待できます。

あらゆる分野で期待されている「AI×ロボット」の進化は、ロボットの精密化や耐久性の向上が重要な鍵になります。特に日本では、ロボットの開発に長けているため、「AI×ロボット」の領域にビジネスチャンスがあります。さらに、ロボット技術と親和性の高いセンサーの精密化やドローンの高速化も進むと考えられます。

量子コンピューターが与えるインパクト

現在、最も注目されている技術が、量子力学的な現象を用いて、今まで処理できなかった問題を解くことを可能にする「量子コンピューター」です。IBMやGoogleなどが、量子コンピューターとAIを組み合わせたツールの開発を競い合っています。

量子コンピューターの開発により、今までできなかったことができるようになる一方、今まで安全と思われていた領域が安全ではなくなる恐れもあります。具体的には、暗号化技術をベースに成り立っているブロックチェーン技術や暗号資産（仮想通貨）が、セキュリティが確保できずに成り立たなくなります。そのため、量子コンピューター実用化後のセキュリティを確保するために、「耐量子暗号」の開発が進んでいます。

IoT時代の安心・安全を守るために、量子コンピューターでも解読困難な「耐量子計算機暗号」や、原理上解読不可能な「量子暗号」の開発が急がれる（画像提供：NEC）

Chapter 5

04

IoTによる産業構造の想像を超える変化

マイナンバーカードの活用による社会の変化

マイナンバー制度は、政府のデジタル推進の中心に位置づけられ、2023年3月末までに全住民へのマイナンバーカード普及を目指しています。2021年8月1日現在のマイナンバーカード交付済枚数は約4560万枚で、人口に対する交付枚数率は36.0%です。(総務省Webサイトより)

マイナンバーカードに埋め込まれたICチップには、電子証明書が搭載され、オンラインで本人確認ができます。介護や子育て関連の手続きを中心に、オンライン申請の導入が進められているほか、2021年10月からは、健康保険証として使える制度が本格的にはじまります。また、全住民への普及目標である2022年度中には、スマートフォンへのカード機能搭載や、引っ越しの際の転出届のオンライン申請などを可能にし、2024年度末までに、運転免許証との一体化も目指しています。今後、マイナンバー関連の施策は、2021年9月に発足したデジタル庁が司令塔となって進められます。

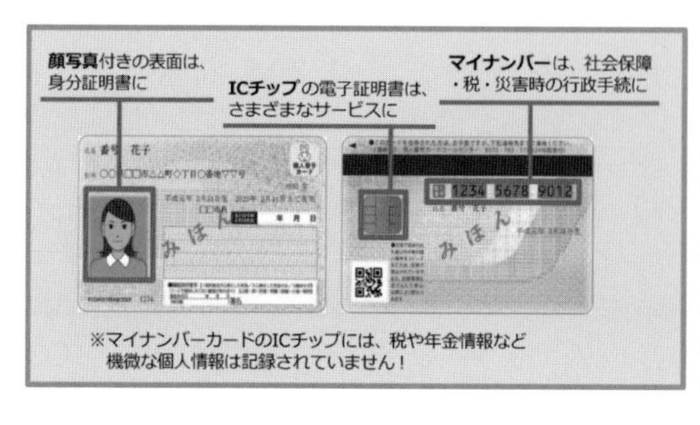

顔写真付きの表面(左)は身分証明書として、裏面(右)のICチップの電子証明書はさまざまなサービスに、12桁のマイナンバーは社会保障、税、災害時の行政手続きに使える(兵庫県姫路市ウェブサイトより)

変わる産業構造

IoTによってつながる社会では、場所や時間などの制約がなくなり、地方や海外にいても、都市部にいるのと同様の情報やコンテンツが入手できます。これまでは、金融、運輸、飲食など、産業による分類がなされてきましたが、今後は、あらゆる情報が融合されることによる付加価値の創出を基準に、産業の枠組みをとらえる必要があります。このような考え方を「クロスインダストリー」と表現します。クロスインダストリーは、異業種や産学官との連携も含んで産業の垣根をなくし、IoT時代における社会全体の発展を目指すことになります。

一方、企業や組織内のIoTを活用した改善は、業務を理解している人が主体的に進める必要があるものの、破壊的イノベーションの創出という意味では、その業務をまったく知らなくても、デジタル技術を駆使すれば革新できる可能性があります。さらに、物理的なオフィスの意味がなくなり、企業や組織と個人の関係も変化していきます。そして個人のスキルが、一部の業界や企業、組織に対する貢献ではなく、コミュニティや行政などを含めた社会全体への貢献に結びついていきます。

近年、社員の副業を認める企業が増加してきましたが、究極は、個人が企業や組織に属する考え方ではなく、個人が自由にスキルを発揮できる社会に変わっていくと思われます。これは、企業や組織から見ると、スキルのシェアが可能になる方向であり、IoTシステムを活用した従事率や貢献度が把握できるようになるため、労使双方にとって、このような働き方が成り立つようになると思われます。

さらに、IoTによってつながる社会が広がると、「国境」という考えもなくなります。AIの進化による同時通訳が業務レベルで実用化されると、業務上の言葉の壁がなくなり、どの国で仕事をしているのかという考え方がなくなります。また、あらゆる情報が複数国の拠点で保存されることで、仕事を協働している相手がどこに住んでいるかさえも、問題ではなくなります。

第5次産業革命の課題

現在、第４次産業革命により、世の中が指数関数的に変わろうとしています。そしてそう遠くない将来、新たな革命である第５次産業革命が起きると考えられます。また、産業構造に関する重要事項を調査・審議する経済産業大臣の諮問機関である産業構造審議会の報告書でも、第５次産業革命というべき変革が「人口問題・食糧問題・資源エネルギー問題・高齢化社会といった現代社会が直面する地球規模の問題への解決策になりうる」としています。

まだ、第５次産業革命の明確な定義はありませんが、「IoTやAI、ビッグデータなどのICTやコンピューター関連技術とバイオテクノロジーの融合」がひとつのポイントになります。そして、新時代のバイオテクノロジー技術となる「スマートセルインダストリー」が、工業のみならず健康・医療や農業などさまざまな分野に、第５次産業革命をもたらすのではないかと期待されています。スマートセルインダストリーに含まれるバイオ燃料や遺伝子治療は、すでに実用化の段階に入っています。また、遺伝子の解析・操作により生物をデザインする技術はどんどん進化しています。

NEDOプロジェクトの概念図

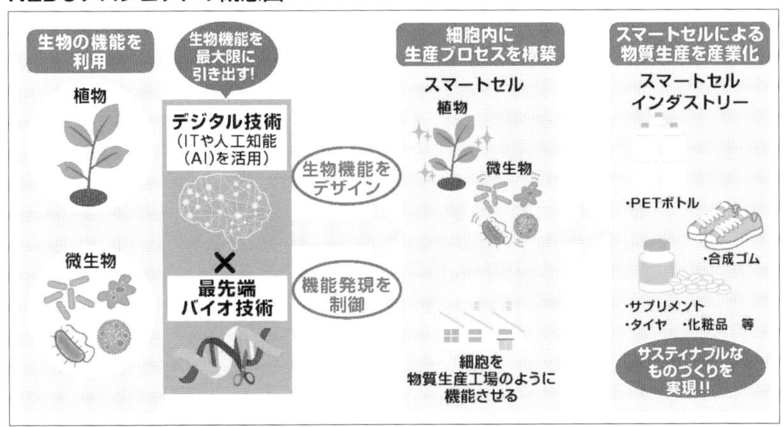

植物や微生物の細胞内の生物機能をデザインし、その新たなデザインに基づいて機能発現を制御することによって、細胞を物質生産工場のように機能させる技術であるNEDOの「スマートセルプロジェクト」の概念図（NEDOウェブサイトより）

国立研究開発法人新エネルギー・産業技術総合開発機構（NEDO）では、植物や微生物が持つ物質生産能力を最大限引き出した細胞「スマートセル」を使い、環境に優しい産業「スマートセルインダストリー」の実現を目指すスマートセルプロジェクトを進めています。そして、5年間にわたるスマートセルプロジェクトの技術開発成果により、医療の発展や持続可能な社会づくりにも貢献できる応用事例が多数創出されています。

また今後、情報化社会が進行して、あらゆる分野で膨大な数のコンピューターがAI学習を実施するようになると、大きな課題になるのは電力問題の解決です。特に、温室効果ガスの排出量と吸収量を均衡させることを意味する「カーボンニュートラル」が叫ばれる中で、いかに電力消費を抑えた産業構造を実現するかも、第5次産業革命におけるポイントのひとつになると思われます。

Chapter 5

05

IoTシステムの開発方法の変化と課題

IoTシステムの開発方法の変化

システムやソフトウェアの開発方法は、「ウォーターフォール型開発」と「アジャイル型開発」に分けることができます。これまで主流であったウォーターフォール型開発の場合、あらかじめシステムやソフトウェアの全体設計を行ってから機能を実装するため、開発着手までに時間がかかります。さらに、開発過程の後半になって、テストによる不具合が発覚すると、手戻り工数が大きくなってしまうため、仕様変更や追加対応が困難となります。

アジャイル型開発の「アジャイル（agile）」とは、「素早い、機敏な」を意味します。アジャイル型開発は、仕様や設計の変更が発生する前提に立ち、おおよその仕様だけで細かいイテレーション（反復）開発を開始します。そして、機能単位で「計画→設計→実装→テスト」を繰り返しながら開発を進めていくのが特徴です。

IoTを活用するデータ駆動型社会でアジャイル型開発が必要とされる背景には、価値駆動型ビジネスが必須になり、従来の計画駆動型のマネジメントでは、ビジネスの成功が難しくなっていることが考えられます。特に、アジャイル型開発により市場投入までの期間短縮が可能となるため、競争の激しい分野において採用例が増えてきています。

アジャイル型開発の現状と課題

アジャイル型開発を採用するメリットは、テストで不具合が発覚しても手戻り工数を最小限に抑えることができ、仕様変更や追加にも柔軟に対応できることです。一方、ウォーターフォール型開発のメリットは、全体設計を行ってから機能を実装していくため、スケジュールや進捗を把握しやすいことです。また、現状では、この開発方法に慣れている人が多く、馴染みやすいことも事実です。

しかし、アジャイル型開発の場合は、機能単位で「計画→設計→実装→テスト」を繰り返すため、全体のスケジュールや進捗が把握しづらく、マネジメントのコントロールが難しいというデメリットを抱えています。アジャイル型開発を成功させるには、優れたテクニカルスキルだけでなく、仕様変更への対応力や、コミュニケーション能力が求められます。

ウォーターフォール型開発とアジャイル型開発

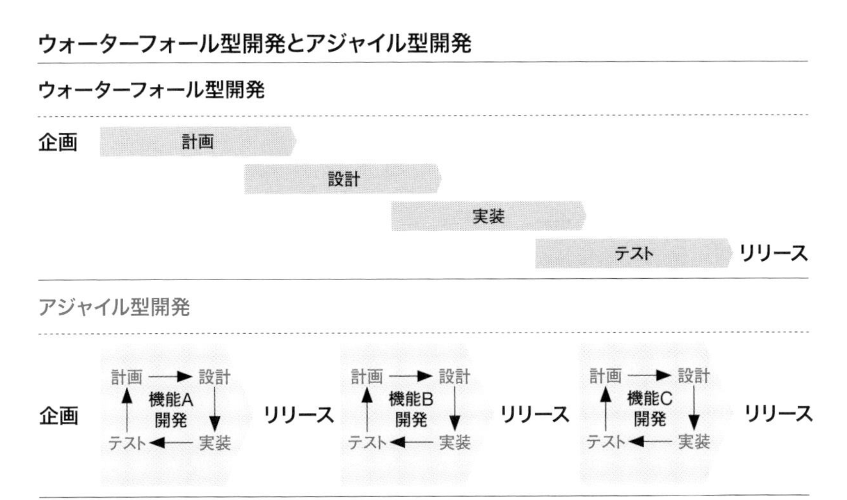

アジャイル型開発の場合、機能単位で計画・設計～リリースできるので、ユーザーに素早くプロダクトや機能を提供できるというメリットがある。一方、機能単位で変更や追加を受け入れながら開発するため、工期が長くなってしまったり、コストが高くなってしまったりすることもある。また、企画全体のスケジュールが把握できなくなってしまうことも考えられる

Chapter 5

06

オープンイノベーション推進のしくみの変化

データを流通させるしくみ

2000年施行の「IT基本法」（正式名称：高度情報通信ネットワーク社会形成基本法）が廃止になり、2021年9月1日、「デジタル社会形成基本法」が施行されました。「IT基本法」の後継法として、「誰一人取り残さない、人に優しいデジタル化といった考え方の下、デジタル社会の形成に向けた基本理念や施策の策定に係る基本方針等を定めるもの」とされています。

「デジタル社会形成基本法」の特徴は、データの利活用を重視していることです。特に、デジタル社会の形成・発展に必要なIoTによるオープンイノベーションを考えたときに重要になるのが、産業の融合と組織のつながり、人材の活用、データを流通させるしくみ、著作権の考え方、データガバナンス、プライバシーの保護など規制の考え方です。

たとえば、「データを流通させるしくみ」について考えると、自社や自組織内だけのデータを利用しても実施できることは限られ、社会全体でデータを自由に使うしくみがないと、究極の全体最適は達成できません。先行きが不透明で、将来の予測が困難なVUCAの時代には、オープンなデータをもとに、スピーディな判断が常に求められます。今後、IoTで収集された膨大なデータは多様化し、それらのデータを処理する技術も高度化していきます。このような中で、一部の巨大ICT企業にデータを寡占化させてしまうと、オープンなイノベーションは実現できません。

また、価値があるデータ（情報）を、「全体最適が必要だからオープンにしよう」という考えだけでは、データのオープン化は進みません。たとえば、価値ある情報は「情報銀行」に預け、融合され価値が創出されたら、預けた人に利子（配当金）を支払うような、プラットフォームが必要になります。このしくみは、個人の健康データなど、あらゆるデータのオープン化に共通する考え方です。

このような中、2017年以降、毎年発表されてきた「世界最先端デジタル国家創造宣言・官民データ活用推進基本計画」には、日本がどのようなデジタル国家を目指すのかが記載されており、データの有効利用に関する指針も示されています。ビジョンとしての考え方には共感できるものが多い反面、具体的な部分に関しては、個々の組織や国民一人ひとりが主体的に進めないと実現できません。グローバルなデータ流通のしくみを考える上で、国の役割として重要なことは、国際間の取り決めや政策の取りまとめを行うことです。

そして、2021年9月の「デジタル社会形成基本法」施行を見据えて、2021年6月18日に「デジタル社会の形成に関する重点計画」が国会に報告されています。なかでも、「包括的データ戦略」が60ページにわたる別紙の形でまとめられており、データ戦略の必要性、プラットフォーム整備の重要性、データ取引市場と パーソナルデータストア（PDS）、情報銀行などについて説明されています。

Chapter 5

07 データ活用のためのデジタル人材の将来像

学校教育とデジタル人材

今後、デジタル社会の形成が進展していくためには、デジタル人材が大きく不足することは間違いありません。求められる人材は、デジタル技術でデータを有効活用し、付加価値を向上させることができる人材です。そのためには、ICTやIoT、AIなどに関するテクニカルスキルだけではなく、ビジネススキルやマネジメントスキル、パーソナルスキルの習得も必要になります。

2020年からは、小学校でプログラミング教育が必修化されています。しかし、現状では、教える側のスキル不足やカリキュラム内容の問題、実践教育の不足などがあると考えられ、プログラミング教育の質の改善・向上が望まれます。また、小・中・高校生向けの情報モラル教育や大学におけるICTスキル習得等の実践的なプログラム、教育訓練給付におけるICT分野の講座の充実を図る必要もあります。大学等での数理・データサイエンス・AI教育の充実や、情報処理推進機構（IPA）でのアーキテクチャ設計の専門家やサイバーセキュリティ人材の育成を図ることも必要でしょう。

また、企業や組織では、テクニカルスキル以外のスキルはOJTで習得できるように、それぞれの企業や組織で求められるデジタル人材の将来像を明確にする必要があります。そして政府は、デジタル改革を牽引する人材を確保するため、ICTスキルに係る民間の評価基準を活用して採用を進める等、優秀な人材が民間と行政を行き来しながらキャリアを積める環境の整備を進めようとしています。

デジタル技術に関連する段階別教育項目とポイント

段階	項目	ポイント
小学校	パソコン操作の習得	プログラミング的志向(アルゴリズム)
	プログラミングに関連した論理的思考の習得	基本知識の習得
中学校	技術家庭科でのプログラミング強化	必要性の理解、教える側のスキル
高校	情報Iの新設・必修化	プログラミング、ネットワーク、データベースなど、実践的な統計・データ分析
	情報II(選択科目)	多様な情報コンテンツの取り扱いによる応用的理解
	数学Cの復活	ベクトル、複素数平面など、課題解決型演習
大学	理系と文系の融合	知識ではなく、使えるスキルの習得 使いどころの理解
	数学の必修化	
社会人	データ分析とAI	デジタル技術がすべての担当者の必須スキル
	「専門分野×AI」のダブルメジャー	

デジタル人材を活用するために

自社や自組織にデジタル人材がいない場合には、内部の人材育成ではなく、デジタル人材の中途採用を実施する動きも加速しています。しかし、中途採用した担当者が、業務内容や現場状況を知らないまま、デジタルスキルだけで改善を実施しようとするケースでは、多くの失敗例が見られます。中途採用のデジタル人材を活用するためには、いかに従来の担当者と融合させていくかが重要になります。

これからの時代のデジタル人材は、データサイエンティストとしての専門職の人材だけでなく、今までの専門領域を保持しつつ、新たなデジタル技術を習得する人材が必要になることが重要なポイントです。このような人材を「ダブルメジャー・データエンジニア」と呼び、データ分析の専門職であるデータサイエンティストと区別することがあります。

デジタル人材に必要なスキル

これからのデジタル社会の形成に求められるデジタル人材に必要なスキルには、以下のようなものがあります。

〈テクニカルスキル〉

- ●データ収集・蓄積技術（センサー、通信、データベース）
- ●データ分析技術（見える化、統計、ビジネスインテリジェンス）
- ●非構造データ分析技術（画像、音声、言語、時系列データ）
- ●AI（人工知能）、機械学習、ディープラーニング技術
- ●プログラミング技術（アルゴリズム、言語、文法）
- ●応用技術（RPA、VR、AR、エッジ処理など）
- ●クラウド、IoT プラットフォーム技術
- ●システム環境構築技術
- ●セキュリティ技術
- ●品質管理や故障予知などへの応用技術

〈マネジメントスキル〉

- ●アジャイル型開発スキル
- ●セキュリティマネジメントスキル
- ●人材育成スキル
- ●組織改革スキル
- ●リスクマネジメント力

〈ビジネススキル〉

- 戦略策定スキル
- 業務の分析スキル
- 問題の把握能力
- ICT、統計学、機械学習のスキル
- 標準化能力
- 法規に関連するスキル
- 要件定義技術
- 新たな知見を発見できる能力
- スペシャリストを統合して全体最適を見いだす幅広い知見

〈パーソナルスキル〉

- リーダーシップ（巻き込み力）
- コミュニケーション力
- 問題解決力
- 結果をわかりやすく説明できるスキル（含む説得力）

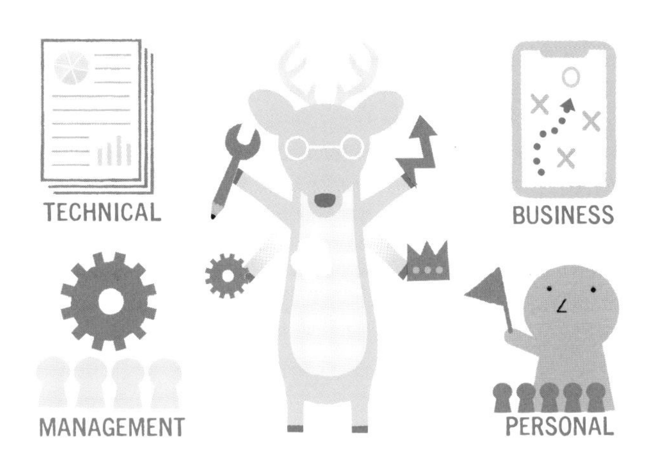

Chapter 5

08 IoTで実現するDXの将来像

「IoT×AI」による逆転の発想

デジタルトランスフォーメーション（Digital Transformation）は、一般に「DX」と表記され、経済産業省では「企業がビジネス環境の激しい変化に対応し、データとデジタル技術を活用して、顧客や社会のニーズを基に、製品やサービス、ビジネスモデルを変革するとともに、業務そのものや、組織、プロセス、企業文化・風土を変革し、競争上の優位性を確立すること」と定義しています。ビジネスにおけるDXを端的に要約すると、「データとデジタル技術の活用で組織を変化させ、業績を改善すること」と理解できます。

しかし、DXの将来像として考えられる改革は、組織の変化による業績の改善だけでは実現できません。デジタル技術や産業構造の変化は、恐らく想像以上の内容になるはずです。この状況の中で、将来的に真のDXを実現するためには、「組織の役割は決まっていない。自ら役割をつくり出していく」という考え方が重要です。将来のDXの担い手は組織ではなく、間違いなく個人です。組織がなくなると言っているのではありません。これまで、個人は組織の一員という考え方がありましたが、IoTによってつながる世界では、個人が複数の担当者や組織とネットワーク的につながり、DXを推進することになります。

また、将来的に真のDXを実現するためには、「成功しないことが重要。常にチャレンジすること。成功すると進化が止まる」という逆説的な認識が重要です。デジタルの世界は常に変化しており、一時うまくいったことを成功ととらえると進化が止まり、最終的に失敗するということになります。成功しないということは常に課題がある状態ともいえます。イノベーションを起こしつづけられる組織や個人が生き残るのが、デジタルの世界です。

現在私たちが検討しているような課題はAIで解決できるようになります。将来は「IoT × AI」が課題を創出し、人間がその課題を解決するという逆の発想になります。

「IoT × AI」は、社会のあるべき姿などを考え、人間でも簡単には解が出せないような、課題を創出するようになります。つまり、人間に与えられた課題を解決する従来の「問題解決型AI」ではなく、「問題創出型AI」の出現です。AIが課題を創出し、人間がその課題の解決策を考えるという流れです。一見、矛盾しているようですが、テクノロジーが進化する過程においては、従来と逆のことが発生します。AIは過去のデータをもとに考えることはできますが、人間のような「ひらめき」はありません。従って、AIが解決できないものを課題として創出し、人間が過去のデータに基づかない解決方法を考えるというのが将来のDXの考え方になっていくでしょう。

IoTによる改革と日本の将来像

少子化により急激に人口減少が進む日本では、国内市場のパイ自体が縮小するため、今までのようなシェアを確保する発想や、IoTの活用によるコスト削減だけでは、既存の産業分野で生き残っていけないでしょう。また、海外企業の日本への進出もあり、守りだけでは組織の存続は無理であると考えます。

IoTによる改革のために必要なことは、グローバルの世界で勝てるビジネスを創出することです。これまで日本は、グローバルのビジネスでは言語の問題で不利と思われていましたが、AIによる自動翻訳機能の向上により、言葉の障壁もなくなります。ただし、この数年で、世界中のほぼすべての人がインターネットを使うようになり、通常の「人が利用するインターネット」の普及が飽和状態になることを考えると、現在のデジタルビジネスの戦いも、この数年で決着がつくことになります。

では、「人が利用するインターネット」ではないインターネットとは何でしょうか。それは、あらゆるモノがインターネットでつながる「IoT（モノのインターネット）」です。IoTの領域は、これからが勝負です。

DXと文化・芸術

IoTによる改革によって、産業分野において国境がなくなり、グローバルで仕事をする時代になると、今後、見直されるのは文化・芸術であり、価値観です。文化・芸術分野の進展は先進国の象徴でもあります。

これからは、個々の価値観に合わせた文化や芸術が「IoT × AI」によって創造され、その解決を人間が実施するような逆転の発想が、人生の楽しみとなっていくかもしれません。つまり、人間には「何か役に立ちたい、何かをつくりたい、まわりから認められたい」という欲求があり、その欲求を満たすための課題を「IoT × AI」がつくり出してくれるという考え方です。

「文化・芸術で世の中に貢献する満足感が仕事と趣味の間に位置付けられ、その中で生活することが日常になる」これこそが、IoT で実現する DX の将来像ではないかと考えます。

さくいん

あ

か

さ

た

な

は

ま

や

ら

数字

A

B

C

D

F

G

H

I

J

K

参考文献

『知識ゼロからのIoT入門』
　高安篤史、幻冬舎、2019年
『AI白書　2020』
　独立行政法人情報処理推進機構　AI白書編集委員会、KADOKAWA、2020年
『工場・製造プロセスへのIoT・AI導入と活用の仕方』
　高安篤史他、技術情報協会、2020年
『コーポレート・トランスフォーメーション——日本の会社をつくり変える』
　冨山和彦、文藝春秋、2020年

写真提供

FAプロダクツ、コネクシオ、JVCケンウッド、象印マホービン、スマートショッピング、トヨタ自動車、プランテックス、古河産業、ファブラボ鎌倉、チャレナジー、NEC（順不同、敬称略）

著者略歴

高安篤史　たかやす・あつし

合同会社コンサランス代表、中小企業診断士。早稲田大学理工学部工業経営学科（現・経営システム工学科）卒業後、大手電機メーカーで20年以上にわたり組み込みソフトウェア開発に携わり、プロジェクトマネジャー、開発部長を歴任する。現在は、IoTに関連するコンサルタント、研修講師として活動中。情報処理技術者（プロジェクトマネジャー、応用情報技術者、セキュリティマネジメント）、IoT検定制度委員会メンバー（委員会主査）。著書に『知識ゼロからのIoT入門』（幻冬舎）など。

イラスト・カバーデザイン　小林大吾（安田タイル工業）

紙面デザイン　阿部泰之

やさしく知りたい先端科学シリーズ9

IoT モノのインターネット

2021年10月20日　第1版第1刷発行

著　者　高安篤史

発行者　矢部敬一

発行所　株式会社 創元社

本　社　〒541-0047
大阪市中央区淡路町4-3-6
電話 06-6231-9010（代）

東京支店　〒101-0051
東京都千代田区神田神保町1-2 田辺ビル
電話 03-6811-0662（代）

ホームページ　https://www.sogensha.co.jp/

印　刷　図書印刷

ISBN978-4-422-40066-2 C0340

本書の感想をお寄せください
投稿フォームはこちらから ▶▶▶▶